U0890904

# 数学课堂魔术

周爱民　周爱学　毛杰英　编著

河南大学出版社
HENAN UNIVERSITY PRESS
·郑州·

**图书在版编目(CIP)数据**

数学课堂魔术 / 周爱民,周爱学,毛杰英编著.—郑州:河南大学出版社,2018.11
ISBN 978-7-5649-3591-7

Ⅰ.①数… Ⅱ.①周… ②周… ③毛… Ⅲ.①数学-普及读物 Ⅳ.①O1-49

中国版本图书馆 CIP 数据核字(2018)第 272699 号

**责任编辑** 付会娟
**责任校对** 林方丽
**版式设计** 陈 霞
**封面设计** 翟淼淼

---

**出版发行** 河南大学出版社
地址:郑州市郑东新区商务外环中华大厦 2401 号
邮编:450046
电话:0371-86059712(高等教育与职业教育出版分社)
0371-86059701(营销部)
网址:www.hupress.com
**排　　版** 河南宏运蓝图文化传媒有限公司
**印　　刷** 北京虎彩文化传播有限公司
**版　　次** 2019 年 7 月第 1 版
**印　　次** 2019 年 7 月第 1 次印刷
**开　　本** 787 mm×1092 mm 1/16　　**印　　张** 14.5
**字　　数** 326 千　　**定　　价** 42.00 元

---

# 前言 Preface

所谓数学魔术，一般是指把数学与人们喜闻乐见的魔术形式有机结合起来进行的一种表演活动。数学魔术的最大魅力是触动人的心灵，唤起学生学习的兴趣。数学魔术因其独特的形式与魅力，在实践推广中受到越来越多人的认同与喜爱。数学魔术很棒，它会让你暂时困惑于事情的表象，明明知道有个简单的答案藏在里面，却看不到，令你怀抱着好奇与热情，去追寻混乱表象背后永恒不变的规律。

莫道数学心神累，
佳途选择尤为贵。
奇妙魔杖轻一挥，
智海坚冰立消碎。

社会学中有个路径依赖理论，认为一旦人们做了某种选择，就好比走上了一条不归路，惯性的力量会使这一选择不断自我强化，并让你轻易走不出去。数学一旦吸引住了孩子们的注意力，孩子们就会长期对数学感兴趣。大家知道许多孩子学习偏科，为什么偏科？就是因为他们学懂了一科知识，对这科的学习就有动力、有兴趣；而另一些科目的学习出现问题，他们就对这些科目的学习形成了畏惧心理，日积月累就出现了偏科。数学是比较抽象的科目，理解和记忆都很重要，但理解的重要程度要高于记忆。数学魔术充满了理解的内容，在数学课堂的教学过程中，加进来数学魔术的快乐因素，使学生在轻松、愉快的环境中学习数学，有利于纠正学生对数学的畏惧心理，所以对学数学大有裨益。

本书提供了 140 多个数学魔术，将孩子的数学学习和数学魔术结合起来，回答了如何将数学魔术转化成为课堂学习内容的主要问题。数学课堂魔术将寓教于乐、寓教于玩的理念巧妙融入具体的学习活动中，让孩子在魔术中发现学习数学的乐趣，经历观察、记录、思考、操作、讨论等过程，发现数学“变中不变”的规律。老师在课堂上把数学魔术与课堂教学内容融为一体，学生通过游戏潜移默化地学习数学基础知识，培养对数学的兴趣，教学效果会事半功倍。

有许多数学知识隐藏在精彩的魔术中,但魔术师只顾表演效果而故意掩盖其中的数学原理,使人们只觉得神奇而不知所以然。本书提供了其中一些魔术的数学原理,但由于笔者能力有限,更多的魔术的数学原理无法提供,恳请读者见谅。本书中的数学魔术是根据操作需要的知识来分类的,不是根据魔术原理的知识来分类的,这有利于教师教学时选择适当的魔术来配合课堂教学内容。要理解魔术原理,需要较好的代数知识:代数方程、数的整除符号、二进制、乘方开方、数的奇偶、不定方程、几何、对称、收敛等。

本书引用了一些隐藏在期刊和网络上的数学魔术,并借鉴了一些同类书中的精彩内容,在此向原作者表示感谢。虽然我们这样做是为了提高数学学习的效果,我们不把这些内容作为商品,而只是作为数学学习的辅助材料,但我们也有尊重版权的责任和义务。因此,如果侵犯了您的权益,我们在这里诚恳地向您道歉,并请您看到后与我们联系。

本书视野独特,尚未发现内容广泛类同的书,对中小学的学生、数学老师、家长和对数学魔术感兴趣的成年人都有一定的参考作用。

周爱民

2019 年 5 月 16 日

目录 Contents

## 第九章　加除、减除混合运算的课堂魔术



## 第十章　加减乘除混合运算的课堂魔术

# 第一章　认数的课堂魔术

## 11 张纸牌的读心术

魔术师声称自己会心灵感应,能猜出观众选择的牌。

表演方式:魔术师展示 6 张纸牌给观众,要求观众选择并记住其中的一张,然后魔术师将纸牌放到身后,等再拿出时,还剩 5 张,少的那一张就是观众刚刚选中的那张。

**魔术揭秘**

准备 11 张不同的牌,一般为 J,Q,K,分为两组,一组 5 张,一组 6 张。先给观众看 6 张的那一组,然后再看 5 张的那一组,因为魔术师的暗示,观众一般都将注意力放在自己所选中的那张牌上,而不会记清其他的 5 张(反正都是 J,Q,K),所以观众发现自己选中的那张牌不见了,其实是所有的牌都被换掉了。

## 巧排顺序

魔术师拿出一副扑克牌,从中选出红桃 A,2,3,4,5,6,7,8,9,10,J,Q,K 共 13 张牌,然后很快地按一定的顺序叠放在一起,背面朝上抓在手中,对观众说:"现在我把最上面的一张牌移到最底部,再把此时最上面的牌发放到桌面上;接着再把最上面的牌移到最底部,再把此时最上面的牌发放到桌面上……如此继续下去,直到牌发完为止,我可以让这 13 张牌乖乖地听我的使唤,让它们在桌面上按照从小到大的顺序依次排列开来。"观众们将信将疑,默默无语,魔术师静静地发放他的牌,并按照发放的顺序从左到右依次排成一排,并将背面朝上,然后请一位观众上台依次从左到右一张一张地翻给观众们看,结果令观众们目瞪口呆。

**魔术揭秘**

牌从上到下放置的顺序是:

7,A,Q,2,8,3,J,4,9,5,K,6,10。

## 张张连号

魔术师拿出一沓预先编好号码 1～20 的卡片。他翻开第一张，上面写着 1，放在桌子上，然后把第二张放在一沓的底下，又把第三张放底下。再翻开第四张，上面写着 2，放在桌子上，然后把第五张放在一沓的底下，又把第六张放底下，即放桌子上一张，隔两张。如此下去，翻完 20 张，张张连号。

### 魔术揭秘

卡片顺序是：1，12，8，2，15，17，3，9，13，4，19，10，5，16，14，6，11，20，7，18。必须按上述顺序排号码卡片，才能完成这个魔术。

## 猜出观众心中的牌

魔术师拿出一副扑克牌中同花色的 13 张牌，散开放在桌面上，然后挑选一位观众，要求观众从牌中任挑一张暗记在心里不要说出来。魔术师要求观众观察他的动作，接下来他会用手指在 13 张牌中点来点去，每点一次，观众就在心里默默地在已选定的牌的点数的基础上加 1，一直加到 20 就喊停，神奇的事情是当观众喊停的时候，魔术师的手指刚好停在观众之前选好的那张牌上。魔术师猜出了观众暗记的牌。

### 魔术揭秘

这是一个非常简单的魔术，秘密在于点牌的时候，前面六下可以随便乱点，但第七下必须点在红桃 K 上,第八下开始点牌的顺序依次是 Q,J,10,9,…这样观众什么时候喊停取决于他之前选定牌点数的大小。

我们设他之前选定牌的点数为 $x$,所以要点的点数为 $20-x$,从 K 点到 $20-x$ 后,剩余的点数为 $K-(20-x)+1$,即:

$$K-(20-x)+1=x-6$$

所以前六下随便点,剩余的点数就是从 K 到 $x$ 的点数。

## 心有灵犀

你喜欢交朋友吗?你想让你的朋友觉得你俩心有灵犀吗?那就和你的朋友一块玩下面这个数学魔术吧!

1. 首先,把扑克牌中的大小王和 4 张 K 去掉,这样 54 张牌就剩下 48 张了。

2. 把这 48 张牌交给你的朋友,让他洗牌。然后,你把洗过的牌放在桌子上,正面朝上一字摊开。

3. 你对朋友说:"现在,我要用心在这里面选一张最喜欢的牌。"然后你把一张黑桃 5 抽出,背面朝上放一边。

4. 你把剩下的牌收起,对朋友说:"你用心来感知这叠牌一半的数量,然后把它们拿起来放在手里。"

5. 请朋友把手里的牌背面朝上,从背面第一张开始,交替把手里的牌分成左右两堆,第一张牌背面朝上放左边,第二张牌正面朝上放右边,第三张牌背面朝上放在第一张牌上,第四张牌正面朝上放在第二张牌上……等手里的牌全部分完后,拿起正面朝上的那堆牌,翻过来,再像刚才那样把它们分成背面朝上和正面朝上两堆牌。分完后,再拿起正面朝上的那堆牌,不断继续下去,最后朋友手里仅剩一张牌。

6. 此刻,你把魔术开始时抽出的那张牌拿出来,你和朋友真是心有灵犀,你选择的牌和朋友手里最后仅剩的那张牌的牌点完全一样(花色不一样)。

### 魔术揭秘

这个魔术的关键在于“要用心选一张最喜欢的牌”,要“用心选择”—— 准确地说是要“别有用心”地选择。首先,看清楚从左到右第 16 张牌是什么, 然后在第 16 张后面的牌中选择一张和第 16 张牌的牌面数字相同的牌(其他 3 张全部集中在前 15 张的可能性不大,如果出现了,就再洗一次牌吧)。

只要朋友拿起的牌的张数在范围内(不必正好一半),魔术就会成功。把牌按左一张右一张分成两堆的过程可以这样来理解:将牌自上而下编号(牌是背面朝上的), 所有编号为偶数的牌会被分到右边。也就是说,牌的编号被 2 整除的牌会被分到右边。第二轮分牌,所有第偶数张牌会被分到右边,这些牌就是编号能连续除以两次 2 都余 0 的牌。分了 4 次以后,在小于等于 31 的数字里,连续除以 4 次 2 余数都为 0 的只有 16。也就是说,不管朋友拿了多少张牌,只要牌的张数在范围内,最后他手里剩下的那张牌一定是最开始的第 16 张。

其实,这个魔术与二进制有关系。16 用二进制表示是 1000,后面三位数都是 0,在这些数中,这是独一无二的。看来,二进制不仅是计算机程序员们必须要知道的知识,在魔术领域也是大有用途呢。

## 读出你心中的 1,2,3,4

魔术师要用四张扑克牌表演一个心灵感应的魔术。魔术师上场后先把准备好的四张扑克牌:红桃 A、红桃 2、红桃 3、红桃 4,从左到右依次摆到桌面上。接着,魔术师在现场找一位观众,然后对大家说:“今天我要读出你心中的 1,2,3,4。现在我背过身去,然后你在 1,2,3,4 四个数字中选择一个你最喜欢的,把这张数字的牌和红桃 A 交换位置。比如,你选了红桃 2,就要把红桃 2 放到红桃 A 原来的位置上,把红桃 A 放到红桃 2 原来的位置上。当然,如果你最喜欢的牌正是红桃 A,就什么也不用做了。”这位观众想了想,选择了红桃 3。

之后,魔术师说:“现在请你把四张牌都翻过去,然后从左到右把四张牌叠在一起,最左面的那张牌自然就被放到了最下面。”等着这位观众把扑克牌收好之后,魔术师转过身来:“好了,四张扑克牌都在你的手中,我什么也看不到。为了让你选的那张牌藏得毫无踪迹,下一步就是要把这四张牌洗乱。那么怎么洗呢? 这样,你每次从这叠牌的上面取一张、两张或者三张牌放到牌的最底下,经过十次‘翻江倒海’之后,这四张牌的顺序一定就被完全打乱了。那么,现在就请你开始吧。”这位观众按照要求把手中的几张牌洗来洗去,结束后交给了魔术师。“现在我要把这四张扑克牌重新放到桌面上”,他轻轻地用手翻开最上面的一张牌,是红桃 2,然后把它摆在了最左面。魔术师再把接下来的三张牌依次摆在了后面。

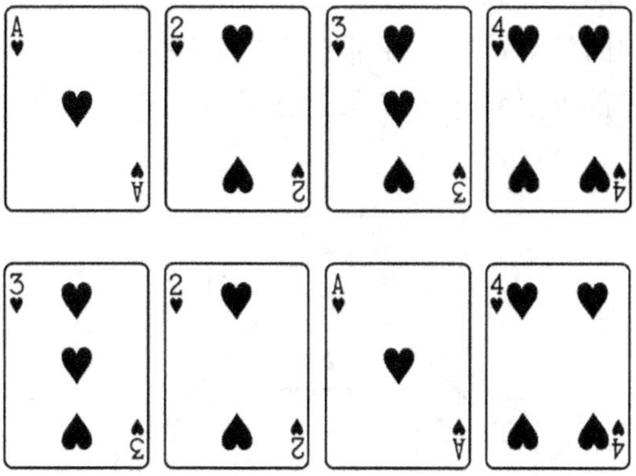

台下的观众看到,四张牌的确已经和开始的时候顺序完全不一样了。

魔术师随后伸出双手,在四张牌上面挥舞一番,施加起了他的“魔法”。然后,魔术师神秘兮兮地对这位观众说道:“你选的牌一定不是 2,也不是 A,只剩下了两张牌,3 和 4。我的第六感觉告诉我,你选的牌一定是——红桃 3。”随后台下响起一阵热烈的掌声,魔术师成功地答对了这道“四选一”的选择题。

读到这里,很多人要问,魔术师读出别人心中 1,2,3,4 的“超能力”是怎么来的呢?

## 魔术揭秘

你可能会说这位观众是魔术师的托儿,但是魔术师可以保证的是,观众一定是任意找的。其实说起来,谜底并不复杂。请看下面这个表:如果魔术师最后放到桌子上的四张牌的顺序在第一行的方格里,那么就可以断定,观众选的牌是红桃 A;如果是在第二行的方格内,就一定是红桃 2;在第三行的方格内是红桃 3;在第四行的方格内就是红桃 4。魔术师脑子里只要记住这张表就可以了。如果最后桌子上的牌不在这 16 种排列之中怎么办?那一定是这位观众没有按照魔术师的要求去做。

| | | | |
|---|---|---|---|
| 3421 | 1342 | 2134 | 4213 |
| 3412 | 2341 | 1234 | 4123 |
| 3214 | 4321 | 1432 | 2143 |
| 4231 | 1423 | 3142 | 2314 |

你可能会问:“咦,这是怎么回事?魔术中扑克牌不是都被洗乱了吗?”其实最开始的时候,观众选的是红桃 3。和红桃 A 换完位置之后,我们可以在头脑中想象用绳子把这四张牌穿成了一个圈。“翻江倒海”洗牌法表面上可以把扑克牌变得乱七八糟,可是仔

细一想，不管每一次从牌的上面拿几张放到最下面，也不管一共拿了多少次，都只是相当于在旋转这个圈，四张牌的相对位置、"左邻右舍"都没有变。所以，在洗牌过程中的任意一个时刻，四张牌的顺序都可以看作是在某处剪断绳子而得到的，一定是四种情况中的一种。

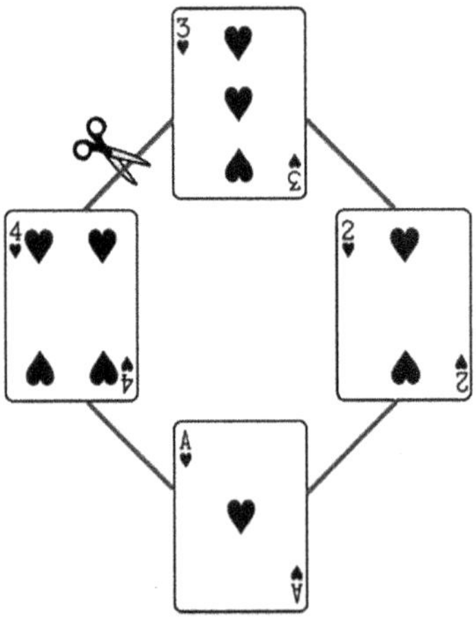

## 魔术师的预言

魔术师在黑板上画了一些圆。现在，在 5 ~ 20 之间任选一个数字 $n$，然后从圆 $A$ 开始往圆 $B$ 的方向数 $n$ 个圆（圆 $A$ 算第 1 次，到了圆 $B$ 之后沿逆时针方向继续数），接着再沿顺时针数 $n$ 个圆（下一个圆开始算第 1 次），并停在某一个圆上。魔术师能知道停在哪个圆上。

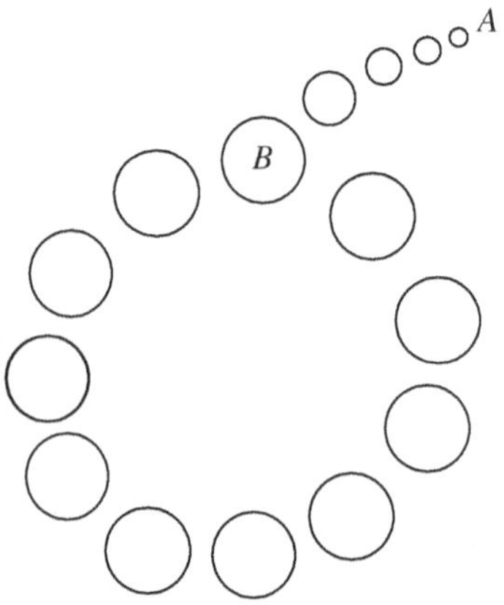


### 魔术揭秘

设选的数为 $n$，从圆 $B$ 开始顺时针再数 $n-6$ 个圆，然后从这一个圆开始逆时针再数 $n$

个圆，就到了打钩的圆上，打钩的圆就是所停的圆。不难发现，不管刚开始选的数是多少，最终都将停在下图打钩的圆上。

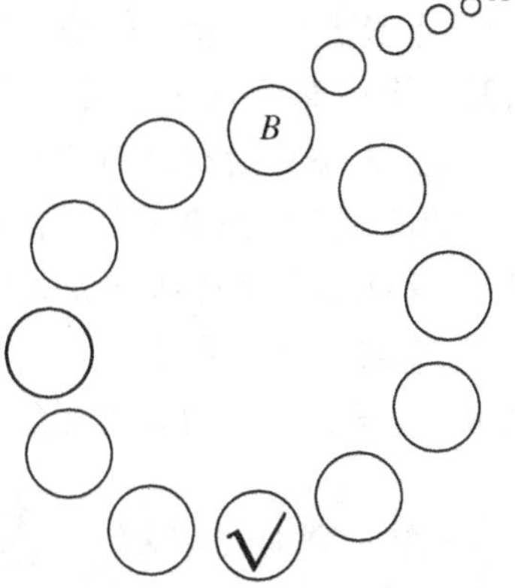


## 心灵感应

魔术是神奇的，数学是枯燥的。可你知道吗，有一些神奇的魔术，靠的不是魔术师的眼疾手快，也不是机关重重的道具，更不是什么特异功能，而恰恰是枯燥的数学。

你相信“心灵感应”吗？魔术师杰克兄弟将证明给你看。在一次表演上，只见大杰克上场，拿出一副扑克牌。这是一副非常普通的、随处可以买到的扑克牌。大杰克首先在现场任意找了一位观众，然后请这位观众随意抽出五张牌。大杰克用眼睛迅速扫了一下这五张牌，它们分别是红桃 4、梅花 6、方块 A、黑桃 5 和方块 9。他从其中拿出方块 9，交给观众，让观众将牌翻过去藏好，然后自己将剩下的四张牌正面朝上一一摆放到桌面上。刚刚发生的这一切，站在远处的小杰克不可能看清楚。大杰克对那位观众说：“刚才我给你的这张牌是什么，只有你和我知道。但是我和我的弟弟小杰克在心理上有一种神秘的感应力量，他可以猜得到这张牌是什么，下面就请小杰克过来。”只见小杰克走到放着扑克牌的桌子前，双手合拢放到胸前，沉思几秒钟，然后迅速说出了大杰克给观众的牌是方块 9。

这个魔术从 20 世纪 80 年代开始在美国流行，很多观众看完魔术后的第一反应是大杰克和小杰克之间一定发生了某种信息交流，比如手势、身体语言等，可是用一两个动作要同时表示出一张牌的花色和大小并不是一件容易的事。

其实，这个魔术是一个纯粹的数学魔术，最初由美国麻省理工学院一位数学博士发明。为了增加魔术的神秘性和趣味性，一些魔术师在表演这个魔术时，两个表演搭档身处两个城市甚至身处两个国家，通过电话、电子邮件告知自己的猜测。不过无论表演的方式如何改变，有一点是不变的——小杰克必须看到或知道五张牌中剩下的四张牌。

这就是“心灵感应”的关键所在。

既然魔术的玄机在这四张牌上，那么大杰克是如何利用这四张牌传递信息，告诉小杰克第五张牌的花色和大小的呢?

### 魔术揭秘

实际上,这个魔术要经过几个步骤。第一步靠的是大杰克。大家都知道,扑克牌只有四种花色,如果抽出五张牌,其中至少有两张牌是同一种花色的。上面所说的五张牌中方块 A 和方块 9 就属于同一花色,大杰克给观众的牌不是任意给的,一定是两个相同花色牌中的一个。之后他把剩下的四张牌放到桌子上时,要保证第一张牌(方块 A)和观众手中的牌(方块 9)是同一花色,这样小杰克看到方块 A 之后,就可以推断出那张牌的花色也是方块。有人可能会说,如果总是把和要猜的同一花色的牌放在第一个位置,会不会被人察觉到?其实兄弟俩可以事先约定好放在第几个位置,未必是第一个。

知道了花色以后,大杰克又是怎样用红桃 4、黑桃 5 和梅花 6 告诉小杰克那张牌的数字是 9 的呢?其实,不管剩下的这三张牌是什么,有一点是确定的,即来源于同一副扑克的这三张牌是互不相同的。魔术发明者的智慧正在于此。大杰克和小杰克首先要制定一个比较任意两张牌谁大谁小的“规则”。例如,在扑克 52 张牌中黑桃的牌最大,红桃的牌其次,然后是梅花、方块;同样花色的牌,K 最大,A 最小。这样,任意三张牌中,都会有一个“大牌”,一个“中等牌”和一个“小牌”。在摆放这三张牌时,有大中小、大小中、小大中、小中大、中大小、中小大六种摆放顺序。上面图中显示属于“中大小”方式。

小、中、大表示:1

小、大、中表示:2

中、小、大表示:3

中、大、小表示:4

大、小、中表示:5

大、中、小表示:6

这六种排列方式可以分别代表 1,2,3,4,5,6 六个数字,可是扑克牌从 A 到 K 一共有 13 个数字,6 个数字无论如何也表示不了 13 个数字呀!很多聪明的观众在自己思考这个魔术的原理时,或许也可以猜得出之前的所有秘密,但是最后一步却把他们难住了,这也正是这个魔术的画龙点睛之笔。

在魔术的第一步,一个和被藏起来的牌花色一样的牌被用来指示花色,但是它的角色其实还没有说完。大杰克拿出了方块 9 给观众,但是没有拿方块 A 给观众,这也是有原因的。

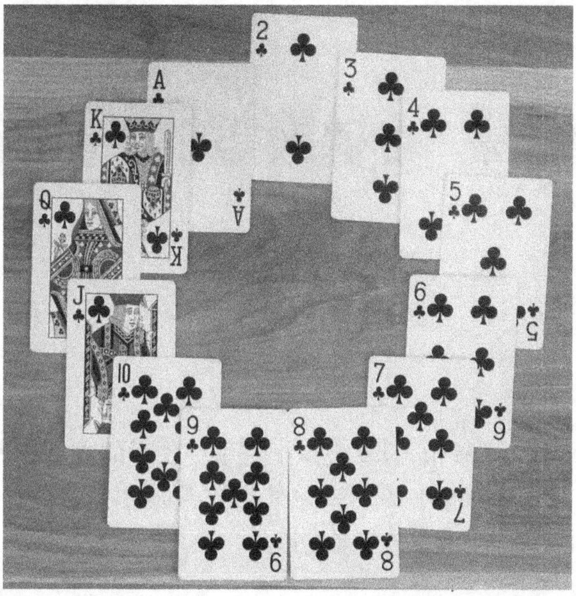

如上图所示，将同一花色从 A 到 K 的 13 个数字按顺时针从小到大排成一个圆，然后逆时针从 9 数到 A，要数 8 次；如果从 A 数到 9，只需要数 5 次。剩下的“中大小”三张牌可以表示 5，却表示不了 8，所以大杰克把 9 给了观众，而当小杰克看到了 A 和 5 的信息后，在自己的脑海里从 A 逆时针数 5 下，就得到最后的答案——方块 9。

在表演开始前，两个人先要制定好这几条“通信协议”。大杰克用那四张亮出来的牌为藏在观众手中的牌进行加密，之后小杰克按照自己已经知道的规则进行解密，“感应”到那张牌的花色和数字。这个五张纸牌的魔术曾经被很多人誉为“最精彩的数学魔术”，让很多人领略到了数学的神奇乐趣。

# 第二章 奇偶数与正反面的课堂魔术

## 单数双数

观众双手分别拿着一些硬币，只要观众把左手中硬币的数目扩大 3 倍，右手中硬币的数目扩大 2 倍，并把两个数相加的和告诉魔术师，则魔术师总能猜出观众哪只手中的硬币数目是双的，哪只手中的硬币数目是单的。

### 魔术揭秘

设左手有 $x$ 个硬币，右手有 $y$ 个硬币，把左手硬币的数目扩大 3 倍、右手硬币的数目扩大 2 倍的和的计算结果为 $z$，依题意有

$$z=3x+2y$$

若 $x$ 为偶数，则 $z$ 必为偶数；若 $x$ 为奇数，则 $z$ 必为奇数。所以根据计算结果 $z$ 知 $x$ 的奇偶性。因

$$y=\frac{z-3x}{2}$$

但 $x$ 的大小未知，对应的 $y$ 的奇偶性也未知。这个魔术并没有要求说出两只手中硬币数目各自的奇偶性，所以只要指出左手中硬币数目的奇偶性即可。“猜出观众哪只手中的硬币数目是双的，哪只手中的硬币数目是单的”实际是一个玩心眼的说法，是要告诉观众左手中硬币数目的奇偶性。

## 魔术师的硬币

在一场魔术表演中，魔术师走上舞台，将手中的 10 枚硬币零乱地撒在了桌面上，观众可以清楚地看到硬币中有的正面数字朝上，有的反面朝上，从中看不出有什么规律。

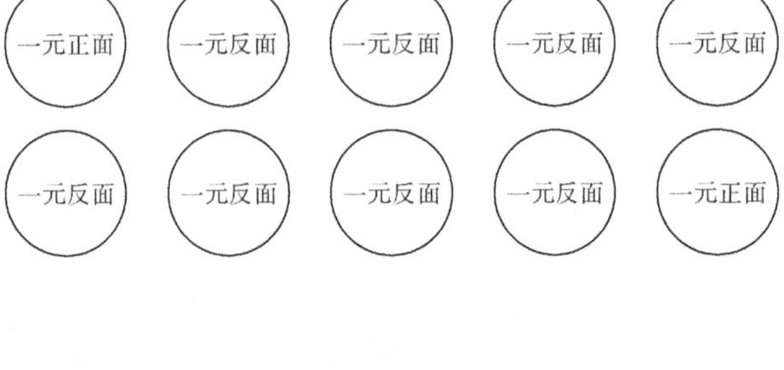

接着魔术师说:“我今天要给大家表演一个猜硬币的魔术,我要找一位观众来配合我。”一位观众走到了台上,魔术师说:“你可以从这10枚硬币中任意选择其中的几个翻过来,方便起见,就按照你电话的末位号码来吧,麻烦你告诉我一下你的电话末位号码。”观众回答:“是3。”魔术师说:“那好,我现在背过身去,你任意选3枚硬币,把它们翻过来,然后再随意摆放一下这些硬币,把它们弄乱,最后再挑一个你喜欢的硬币把它盖住。”观众按照魔术师的要求一一做了。

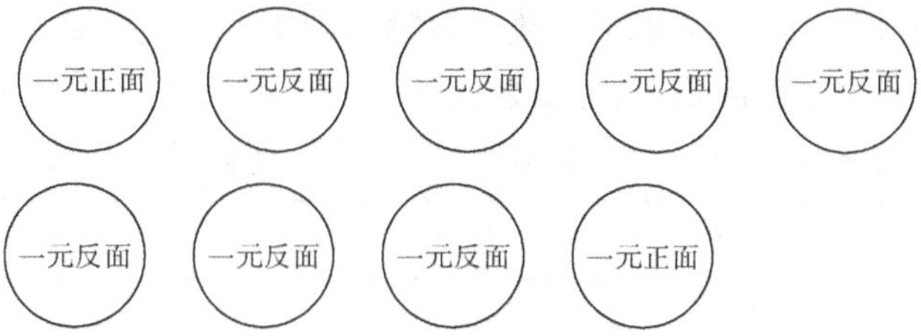

之后,魔术师转过身来说:“谢谢你的帮助,现在我把剩余的9枚硬币收走。”

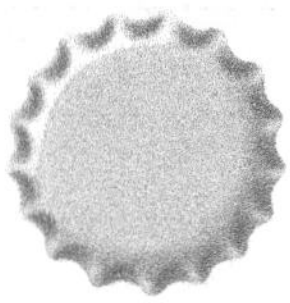

“下面就是见证奇迹的时刻了!我可以用我的魔法看到盖子下面的硬币是正面朝上还是反面朝上。”最后魔术师成功地猜出了硬币是正面朝上。

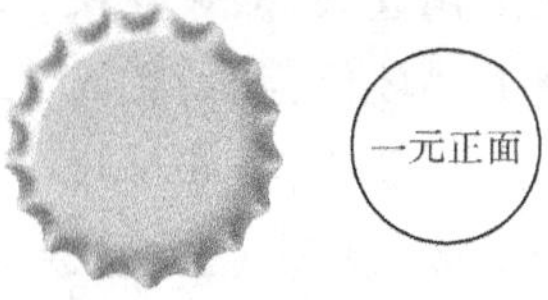


接着魔术师又请了几位观众上台,结果他每一次都可以猜出硬币的正反面。

## 魔术揭秘

你对魔术师的“眼力”感到惊奇吗?或许你认为,这个盖子是特制的,硬币是特制的,或者魔术师用了复杂的数学方法推算,但实际上这个魔术的秘密非常简单,使用的是小学的数学知识:奇数±奇数=偶数;偶数±偶数=偶数;奇数±偶数=奇数。

在整个魔术过程中,魔术师需要记住三个奇偶数:

1. 硬币刚撒在桌面上时,暗暗记住这10枚硬币中有奇数枚硬币还是有偶数枚硬币正面朝上。

2. 观众说出的电话末位号码数字是奇数还是偶数(例如3是奇数)。

3. 偷偷地数一下最后收走的9枚硬币中有多少枚硬币正面朝上,是奇数还是偶数。

当魔术师知道了观众给出的电话末位号码数字是奇数后,无论观众把原来硬币中正面的翻成背面的,还是把原来硬币中反面的翻成正面的,也无论各翻多少枚,翻的硬币总数一定是奇数枚,那么原来有奇数枚硬币正面朝上,最后一定是偶数枚硬币正面朝上。反之,如果一共翻了偶数枚硬币,那么原来有奇数枚硬币正面朝上,最后还是奇数枚硬币正面朝上,偶数枚还是偶数枚。根据这一计算,魔术师最后对比一下收走的 9 枚硬币中的正面朝上的奇偶枚,就可以推断出在盖子下面的那枚硬币是正面朝上还是反面朝上(图中最后有 2 枚硬币正面朝上,翻动 3 枚,是奇数,则最后一定是奇数个硬币正面朝上。而盖子外的 9 枚中有 2 枚正面朝上,是偶数,盖子下面的一定是正面朝上了)。

在本例中原来正面朝上的一元硬币是偶数枚,然后观众翻了 3 枚,则

| 原来正面朝上 | 翻正面 | 翻反面 | 过程 | 正面朝上 |
|---|---|---|---|---|
| 偶数 | 0 | 3 | 偶数-0+3 | 奇数 |
| | 1 | 2 | 偶数-1+2 | 奇数 |
| | 2 | 1 | 偶数-2+1 | 奇数 |
| | 3 | 0 | 偶数-3+0 | 奇数 |
| 奇数 | 0 | 3 | 奇数-0+3 | 偶数 |
| | 1 | 2 | 奇数-1+2 | 偶数 |
| | 2 | 1 | 奇数-2+1 | 偶数 |
| | 3 | 0 | 奇数-3+0 | 偶数 |

即

原来正面朝上偶数枚,翻奇数枚=正面朝上奇数枚
原来正面朝上偶数枚,翻偶数枚=正面朝上偶数枚
原来正面朝上奇数枚,翻奇数枚=正面朝上偶数枚
原来正面朝上奇数枚,翻偶数枚=正面朝上奇数枚

在本例中,原来正面朝上的是 2 枚,观众翻了 3 枚硬币,应有奇数枚硬币正面朝上,但盖住 1 枚硬币后,还有 2 枚正面朝上,所以盖住的必是正面朝上的硬币。

## 有灵性的硬币

魔术师在桌上整齐地摆放了 3 枚硬币,今天他要和大家做个猜硬币的魔术。魔术师把硬币交到观众手里,有的正面朝上,有的正面朝下,魔术师说:"它们可是有灵性的哦,会告诉我该翻哪一枚。"魔术师在不知道的情况下指导观众翻转硬币三次总能让 3 枚硬币都正面朝上或朝下。一个观众问:"硬币怎么会告诉你该翻哪一枚呢?"魔术师说:"不相信吗? 现在我不看,你来摆硬币吧!"魔术师蒙住了眼,观众将硬币摆成了:

正　反　正

魔术师发指令:翻第1枚,问:"3个一致了吗?"观众答道:"没有。"硬币形状变成了:

反　反　正

魔术师发指令:翻第2枚,问:"3个一致了吗?"观众答道:"没有。"硬币形状变成了:

反　正　正

魔术师发指令:再翻第1枚,此时3枚硬币果然变成了同面朝上。

正　正　正

观众不服,又将硬币打乱,重新摆放了几次,说也奇怪,魔术师猜的时候,从没超过三次,硬币朝向的面就都统一了。可是轮到观众猜,却总是翻不准,每次都败下阵来。难道硬币只有在魔术师的手中才有灵性吗?

### 魔术揭秘

其实道理很简单,只要知道了以下规律,你也可以让硬币变得有灵性。3枚硬币正反面摆放,共有六种情形。

正　反　反

反　正　正

这两种情形,只要翻第1枚就3枚朝向的面一致了。

反　反　正

正　正　反

这两种情形,翻第1枚后,再翻第2枚,两次可使3枚朝向的面一致。

正　反　正

反　正　反

这两种情形,翻第1枚后,再翻第2枚,必须再重翻第1枚,三次可使3枚朝向的面一致。无论如何,我们都不翻第3枚。

## 奇偶数的课堂魔术

魔术师对一位观众说:"我们来玩一个魔术。假设你是一个旅行者,下面有一张地图，上面有九个格子，分别代表西安、北京、沈阳、成都、武汉、上海、昆明、广州、厦门九座城市。”

“最开始的时候你身处中心的武汉。我手里有 10 张汽车票、10 张火车票、10 张飞机票。每一次你可以向我要一张票。如果要了一张汽车票，每次可以在这张地图上跨越一个城市；一张火车票则可以在地图上跨越两个城市；一张飞机票则可以在地图上跨越三个城市。我会背对着这张地图，看不到你走到了哪里，但是可以像 GPS 一样将你一步一步地准确定位。我每一次会去掉一个格子，如果你不在那个格子里，下一次你就不可以再去那一个格子了；如果你正好就在那个格子里，那么就算我猜错了，你就赢了。”

魔术开始了，观众先要了一张火车票，“乘坐火车”从武汉经过成都到了西安的格子里。

此时魔术师想，从武汉出发坐火车，跨越两个城市，只能到达西安、沈阳、昆明、厦门四个城市之一，不能到其他城市，所以背对着观众的魔术师说：“我敢确定你一定不在北京。”然后去掉北京的那个格子。这下，地图就变为下面的形状。

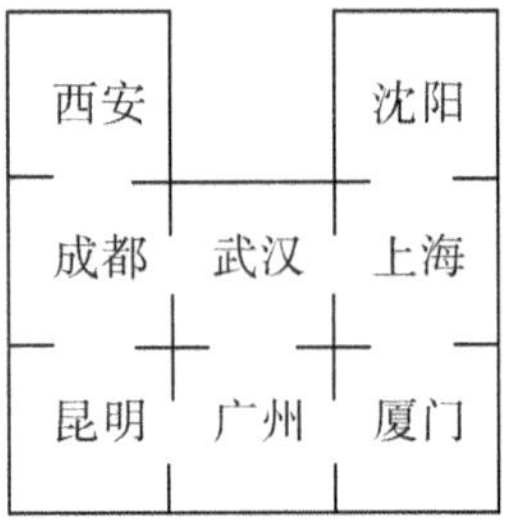


之后，观众要了一张飞机票，走了三步到了上海。此时魔术师想从左上角出发，跨越三个城市，不可能再到达角上，所以魔术师说：“西安也可以排除了，可疑范围缩小到七个城市。”

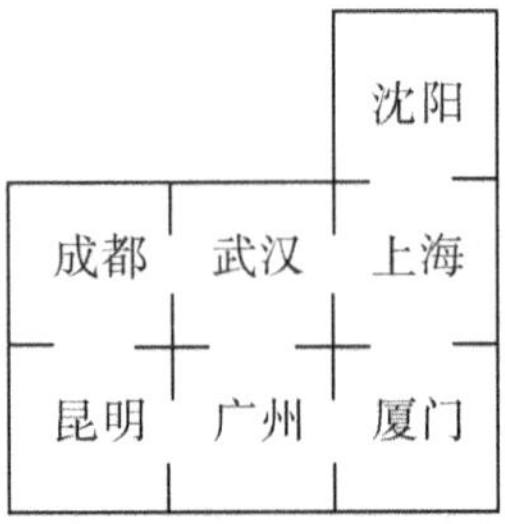


接着，观众又拿了一张飞机票，到了昆明。此时魔术师想，目前，观众只能从成都、广州、上海三个城市之一出发，又拿了一张飞机票，跨越三个城市，不可能在成都、广州、上海三个城市，于是说：“成都的格子去掉。”

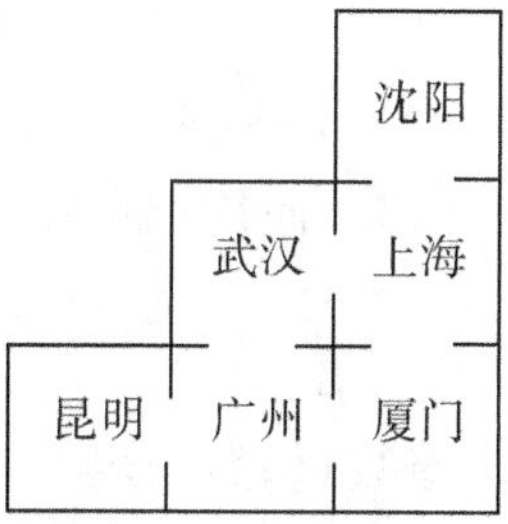


然后，观众用一张火车票到了武汉。魔术师想原来不在广州和上海，只能在沈阳、武汉、昆明、厦门四个城市之一。坐火车，跨越两个城市，只能还在沈阳、武汉、昆明、厦门四个城市之一。所以魔术师这一次没有去掉格子。之后观众又用一张汽车票到了上海，魔术师想原来只能在沈阳、武汉、昆明、厦门四个城市之一，从沈阳、武汉、昆明、厦门四个城市之一出发坐汽车，跨越一个城市，则不可能在沈阳、武汉、昆明、厦门四个城市之一，所以魔术师去掉了昆明的格子。

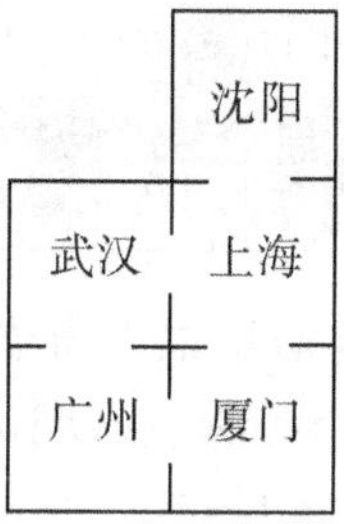


之后观众再一次用了一张汽车票到了厦门。魔术师想原来不可能在沈阳、武汉、厦门，只能在上海或广州。从上海或广州出发，坐汽车，跨越一个城市，只能到沈阳、武汉、厦门，所以魔术师说："我可以确定，你不在广州。"

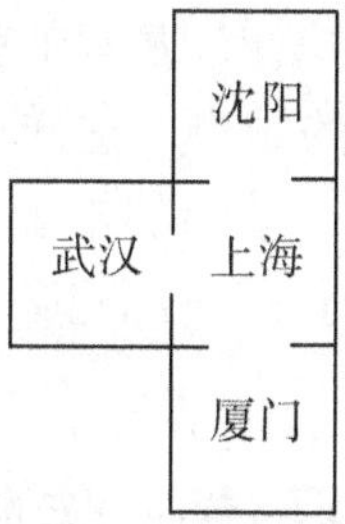


观众最后想迷惑一下魔术师，要了一张飞机票，从厦门到了上海，到了沈阳，又回到了上海。但是这一招完全不奏效，魔术师想，原来在沈阳、武汉、厦门三个城市之一，坐飞机，跨越三个城市，只能在上海，于是说："沈阳、武汉、厦门三个格子都可以去掉了，你就在上海，跑不了了。"

### 魔术揭秘

首先看一些简单的数学加减法：

奇数+奇数=偶数

比如

$$1+3=4$$

偶数+偶数=偶数

比如

$$2+4=6$$

奇数+偶数=奇数

比如

$$3+6=9$$

现在把地图上西安、沈阳、武汉、昆明、厦门五个格子涂成深色，北京、成都、上海、广州四个格子涂成浅色。

| | | |
|---|---|---|
| 西安 | 北京 | 沈阳 |
| 成都 | 武汉 | 上海 |
| 昆明 | 广州 | 厦门 |

浅色格子与深色格子的关系就类似于以上奇偶数加减的关系。如果希望从深色的城市去浅色的城市，或者从浅色的城市去深色的城市，就一定要走奇数个格子，所以只能用汽车票和飞机票。如果希望从深色的城市去另外一个深色的城市，或者从浅色的城市去另外一个浅色的城市，只能用火车票。

最开始，可以确定的是观众从武汉出发，而且每次观众使用了哪一种票魔术师都是知道的，这样，魔术师尽管不知道观众具体去了哪个城市，但是可以知道观众到了深色的城市还是浅色的城市。如果在深色的城市，魔术师就会去掉一个浅色的城市；如果在浅色的城市，魔术师就会去掉一个深色的城市。这样可以交替地不断缩小范围，确保不会让观众“跑掉”（为了不让观众困在一个单独的格子里无法动弹，魔术师有时选择暂时不去掉格子），最后将观众“精确定位”到一个格子里。

## 数学魔术与数据信号传输：奇偶校验法

在下面这个魔术中，有魔术师、主持人和三位观众。主持人先请三位观众，其中有一位观众是托儿。不过，和别的魔术不同，这个托儿非常低调，他没有任何多余的举动，在魔术规则内把消息偷偷传递了出去。你能看出这个魔术背后的原理吗？

魔术表演的第一步是把魔术师五花大绑，眼睛套上黑布，放进麻袋里。然后，主持人请第一位观众上台，从一副扑克牌里找 16 张牌，把它们摆成一个 4×4 的扑克方阵，哪些牌正面朝上、哪些牌背面朝上由观众自己决定。

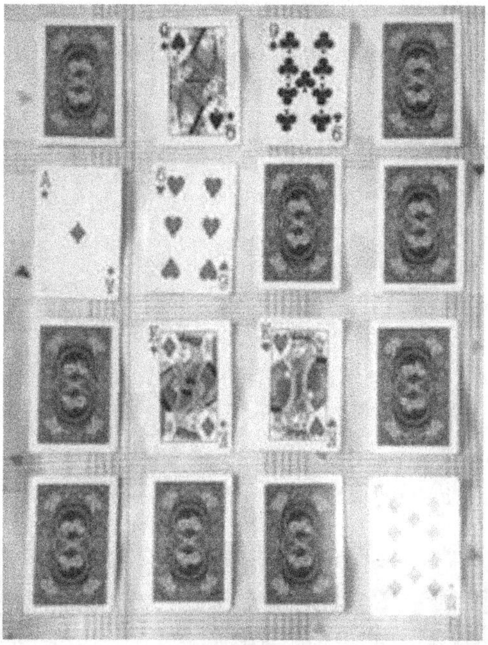

摆好后，主持人说：“为了增加表演的难度，我们把 4×4 的扑克牌方阵增加到 5×5，一共 25 张，魔术师没有意见吧？”麻袋里的魔术师表示没有意见。于是，主持人请上了第二位观众。第二位观众按照要求对桌子上的扑克牌阵进行了扩充，牌面是朝上还是朝下放都可以。

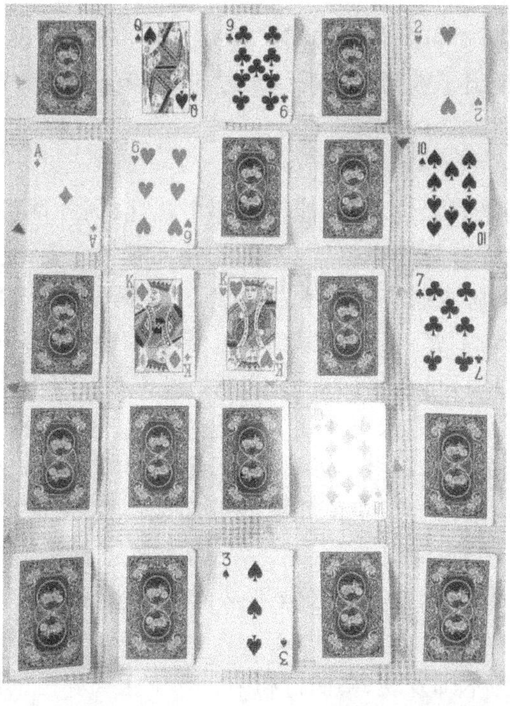

主持人说：“下面，我们再请第三位观众上台。你在这 25 张牌里，随意挑选一张扑克

牌，把它翻过来。翻的时候一定要小心，不要留下痕迹，别让魔术师一眼看出来。”第三位观众稍微考虑了一下，把那张原来背面朝上的黑桃9翻了过来。

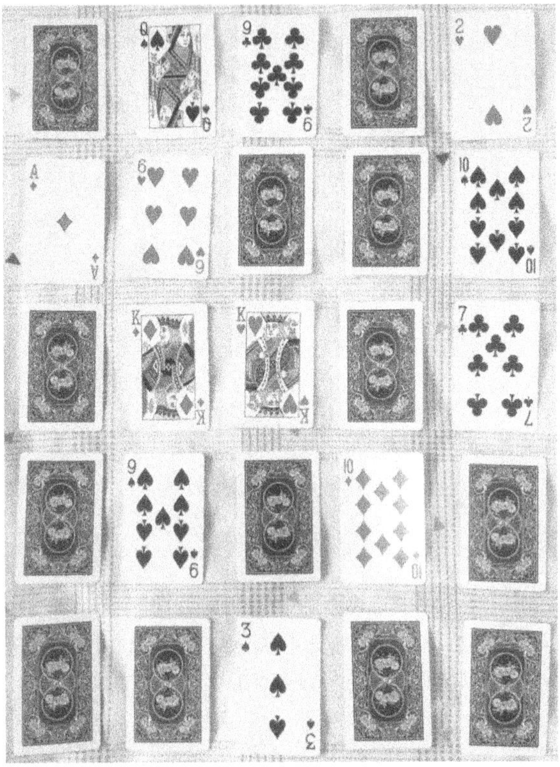

“好的，下面就请魔术师开始他的表演。”主持人说。魔术师从袋子里钻出来，走到这堆扑克牌面前，果断地指出了被第三位观众动过的牌，众人惊讶不已。

## 魔术揭秘

这个魔术的关键就是第二位观众，他就是那个托儿，另外两位观众都是不明真相的群众。在第一位观众放完扑克牌以后，魔术师的托儿登场。表面上，托儿是在随意地扩展方阵，可实际上他放的牌大有讲究。他需要保证，在最后的25张牌里，每一行、每一列正面朝上的扑克牌都是奇数张。这是能办到的。首先，在4×4方阵的每一行末尾添加一张牌，使得这几行里都各有奇数张正面朝上的牌。再在所得的4×5方阵每一列的末尾添加一张牌，使得每一列都有奇数张正面朝上的牌。此时，这个5×5方阵的每一列和前四行都有奇数张正面朝上的牌了。由于每一列正面朝上的牌都有奇数张，因此正面朝上的总牌数也是个奇数；同时前四行里正面朝上的牌都是奇数，从而可以推出第五行也有奇数张正面朝上的牌了。等到第三位观众翻完牌，魔术师上场后，他需要做的就是数一数，看哪一行和哪一列正面朝上的扑克牌张数不是奇数。这行与这列的交汇处的牌就是第三个观众所动过的牌。

在上面的例子中，魔术师发现，第四行和第二列中正面朝上的牌不是奇数张，位于它们的交汇点处的那张牌就一定是破坏阵型的牌了。正面朝上的牌用1表示，背面朝上的牌用 0 表示。

| | | | | |
|---|---|---|---|---|
| 0 | 1 | 1 | 0 | 1 |
| 1 | 1 | 0 | 0 | 1 |
| 0 | 1 | 1 | 0 | 1 |
| 0 | 1 | 0 | 1 | 0 |
| 0 | 0 | 1 | 0 | 0 |

设魔术可以用上面这个 0-1 方阵来表示。把各列的值相加，得偶数的列就是被改变的列；把各行的值相加，得偶数的行就是被改变的行，被改变的列与被改变的行的交汇点上的牌就是第三个观众动过的牌。

# 第三章　加法的课堂魔术

## 见二望二

魔术师的眼睛被蒙住，手上拿着编号为1，2，3，4，5的五张牌。魔术师请观众任意抽取两张牌，然后将剩下的牌交给他的助手。助手再从这三张牌中挑选出两张牌，并请其他观众按任意顺序念出助手所选出的牌之编号。请问魔术师与助手之间如何事先约定一数学策略，使得魔术师能万无一失地准确猜出观众手上两张牌的编号？

### 魔术揭秘

魔术师可根据助手所挑选的数字相加所得数字 $A$ 约定如下：

1. $A<5$，则该组数为$(A,5)$。

例如：

$$(1,2)=(3)=(3,5)$$

$$(1,3)=(4)=(4,5)$$

2. $A=5$，直接分解为另一组数。

例如：

$$(1,4)=(5)=(2,3)$$

$$(2,3)=(5)=(1,4)$$

3. $A>5$，则直接分解为另一组数后，有时候会出现分解数大于5的情形，此时，将大于5的数字减5即可。

例如：

$$(1,5)=(6)=(2,4)$$

$$(2,5)=(7)=(3,4)$$

$$(3,4)=(7)=(2,5)$$

$$(3,5)=(8)=(2,6)=(2,1)$$

$$(4,5)=(9)=(3,6)=(3,1)$$

如此可以迅速判断出观众所持号码。

## 心灵魔术之数字预言

1. 魔术师先在纸上写下了预言数字 18。

2. 一副去掉大小王的 52 张牌交给观众任意洗牌。

3. 然后请观众任意分成两堆(52 张牌分两堆,要观众分得平均点,其中一堆张数要在 20～29 张之间)。

4. 请观众在两堆中任选一堆,这时要用到强迫法,即观众选到那堆张数若太少或太多,就叫他将选到那堆丢掉,换另一堆;若选到张数约在 20～29 那堆,直接进入下一阶段。

5. 请观众数那堆牌的张数。

6. 要求观众将那堆牌的张数数字减去它的个位数和十位数。

例如:牌张数

$$23-2(\text{十位})-3(\text{个位})=18$$

备注:张数 20 以下、29 以上魔术会失败。

7. 请观众说出得出的数字,整个过程全部让观众完成。

8. 打开纸上预言数字“18”。

### 魔术揭秘

设两位数是 $ab$,

$$ab=10a+b$$

$$ab-(a+b)=10a+b-(a+b)=9a$$

若牌分得较均匀,每堆牌 20 多张,即 $ab$ 的 $a$ 为 2,减去个位数与十位数的和之后,只能是 18。

## 二进制猜牌魔术

魔术师取出一副纸牌,洗牌后,拿出 25 张牌(余牌放还原盒收起),排成四行,牌面向上摊在桌面。遂请观众来认牌,要他在 25 张牌中任意选择一张牌,记住牌点,但必须说明所记相同牌点的几张牌是在哪几行里,魔术师就能迅速说出他所认的牌点。这使观众颇为惊奇,并要求再来。魔术师主动把牌调乱,如法进行,又是随声猜中。进行多次,百猜百中,万无一失。

### 魔术揭秘

1. 魔术师开头拿出的 25 张牌,原先是事先整理好放在一起的,即 A,2,4,8 各一张,

7,J,K 各三张,3,5,6,9,10,Q 各两张。点数必须如此,花色无关紧要。

2. 将以上各牌按以下顺序排列,即第一行七张:A,3,5,7,9,J,K;第二行六张:2,3,6,7,10,J;第三行六张:4,5,6,7,Q,K;第四行六张:8,9,10,J,Q,K。横行从左到右的每行第一张牌即 A,2,4,8 是关键。魔术师猜中的牌点,实际上是由这些行里每行的第一张牌数字相加而算得。比如观众说所认的牌在第一行和第四行,第一行左边第一张牌是 A,第四行左边第一张牌是 8,就将 A(1)和 8 相加得 9,立刻就猜中是 9。如果说在第一、第二和第四行,魔术师就计算 1+2+8,结果是 11(J),以此类推。

3. 至于开头全副洗牌,那只是洗未理好的那部分牌。

## 寻找国王 K

魔术师对一位观众说:“我们知道,在英语里‘K’的意思就是国王,而这个魔术的名字就叫作‘寻找国王’。现在,请你随便想一个两位数,不过这个两位数要大于10,且小于30。你想好了吗?如果想好了,就把它说出来。”观众说:“21。”“很好,我们会按照 21 这个线索找到红桃国王。我们就先从上往下发 21 张牌。”魔术师麻利地拿起桌上背面向上的牌,向桌子上发了 21 张。“好了,这里是 21 张扑克牌。我也不知道有没有红桃国王。让我想一想,21,2+1=3,很好,我们把这 21 张牌拿起来,再发 3 张。”说着他把桌上的 21 张牌拿起来又往下发了 3 张。“于是,我们就会发现红桃国王。”魔术师把第四张牌翻开给观众看,果然,正是红桃 K!

“怎么会这样?我是随便说的数字啊。”观众觉得很意外。

### 魔术揭秘

其实,魔术师在拿牌摊开的时候就已经把红桃 K 放在第 18 张了,并且在第 9 张还放了 1 张黑桃 K。

设观众说的大于 10 且小于 30 的数是 $10a+b$,而

$$10a+b-(a+b)=9a$$

$a$ 只有两个值:1 和 2,$a$ 为 1 时,$9a$ 值为 9;$a$ 为 2 时,$9a$ 值为 18,所以在第 9 张处放黑桃 K,在第 18 张处放红桃 K。若观众说的数是十几,魔术师就说“我们会按照这个线索找到黑桃国王”;若观众说的数是二十几,魔术师就说“我们会按照这个线索找到红桃国王”。

## 取数勿数

一位魔术师在台上表演,他面前放着 10 个方盒,对观众说:“这里面有 1 000 个玻璃球,分放在 10 个盒子中,你们只需告诉我一个数,我不用打开盒子,不用数就能按你们说

的数量拿出球来。”

一位观众报出181，魔术师马上拿出5个盒子，观众打开一数，正好是181。魔术师是如何做到的？

### 魔术揭秘

1～1 023之间的任何一个数，都能用不超过10个1的二进制表示，如1 023的二进制表示是：

$$1\,023 = 1111111111_{(2)}$$

985的二进制表示是：

$$985 = 1111011001_{(2)}$$

……

用$1_{(2)}$，$10_{(2)}$，$100_{(2)}$，$1000_{(2)}$，…，$1000000000_{(2)}$的组合可表示1～1 023之间的任何一个数，而这十个二进制数对应的十进制数为：1，2，4，8，16，32，64，128，256，512。原来他的盒子里面放的球数分别是1，2，4，8，16，32，64，128，256，512。

但台上仅有10个方盒，所以超过1 023的数字无法按说的数量拿出球来。

$$1\,024 = 10000000000_{(2)}$$

需要11个盒子才能拿出来。

随便说一个1～1 023之间的数都可以取出，比如181，

$$\begin{aligned}181 &= 10110101_{(2)}\\ &= 10000000_{(2)} + 100000_{(2)} + 10000_{(2)} + 100_{(2)} + 1_{(2)}\\ &= 128+32+16+4+1\end{aligned}$$

就是：

$$181 = 128+32+16+4+1$$

只要拿出这5个盒子即可。

## 五个骰子顶面点数的和

魔术师拿出自制的五个骰子向观众展示，每个骰子的每一面都写着一个三位数，然后他请两名观众上台配合表演，一名观众负责掷（zhì）骰子，另一名观众则负责用计算器将这五个骰子掷出来的结果相加。然而，每当观众掷出骰子之后，魔术师总能先一步报出答案，丝毫不差。他究竟是如何做到的呢？

在表演前，需要用五张卡片做五个特殊的骰子，每个骰子六个面上分别写有如下的不同三位数：

285，780，483，186，681，384

377，179，872，278，773，971

564，366，762，663，161，960

459,756,954,657,855,558

741,642,345,840,147,543

魔术师让观众仔细观看这五个骰子,其中的数没有一个相同的。然后由一名观众把五个骰子随意掷在桌上,请另一名观众把骰子顶面上的五个数相加,例如得到780,377,564,459,642这五个数的和。令人惊奇的是,当观众才刚刚开始计算时,魔术师却已说出了它的和是2 822。

**魔术揭秘**

第一个骰子的十位数都是8,第二个骰子的十位数都是7,第三个骰子的十位数都是6,第四个骰子的十位数都是5,第五个骰子的十位数都是4,即

$$8+7+6+5+4=30$$

所以五个骰子的十位数的和在十位数位上是0,所以十位数上非零数来自于个位数的进位。

第一个骰子百位上的数字和个位上的数字之和是7,第二个骰子百位上的数字和个位上的数字之和是10,第三个骰子百位上的数字和个位上的数字之和是9,第四个骰子百位上的数字和个位上的数字之和是13,第五个骰子百位上的数字和个位上的数字之和是8。

十位数的和是

$$8+7+6+5+4=30$$

即可以向上进一位,对十位、个位没影响。

百位数和个位数的和是:

$$7+10+9+13+8=47$$

加上十位数进上来的3,得

$$47+3=50$$

所以百位数上的数总是0。五个百位数与五个个位数的和是47,加上十位数进上来的3,变成50,50减去个位数的和,就得百位以上的数。

得出规律,无论观众投出哪五个数字,个位数字之和即为结果的十位和个位,用50减去这个值得到结果的千位和百位。所以魔术师只算个位数的和,用50减去这个值得到结果的千位和百位。

例如:投出483,872,762,756,147,个位数相加是:

$$3+2+2+6+7=20$$

$$50-20=30$$

结果就是3 020。

大家算五个三位数的和,魔术师只算一位数的和,然后再用50减去这个和,所以魔术师计算比一般人快。

我们再做一套新骰子,骰子的每一面都写一个三位数,并且要保证同一个骰子上数字的十位数是相同的,于是这五个骰子有五个十位数,要保证这五个十位数的和是20,前

四个骰子的 24 个面上的数的百位数与个位数的和都等于 10，在第五个骰子的六个数中，每个数的百位数与个位数的和都等于 8。五个骰子的 6 个面展开后如下图所示：

| | | | |
|---|---|---|---|
| | 525 | | |
| 129 | 228 | 327 | 426 |
| | 624 | | |

| | | | |
|---|---|---|---|
| | 436 | | |
| 832 | 931 | 238 | 733 |
| | 337 | | |

| | | | |
|---|---|---|---|
| | 842 | | |
| 347 | 446 | 545 | 743 |
| | 644 | | |

| | | | |
|---|---|---|---|
| | 357 | | |
| 159 | 258 | 456 | 654 |
| | 555 | | |

| | | | |
|---|---|---|---|
| | 662 | | |
| 266 | 365 | 464 | 563 |
| | 167 | | |

在掷骰子之后，将会得到五个数字，这五个数字的个位数相加就有可能产生进位，但是由于十位数的和是：

$$2+3+4+5+6=20$$

十位数的 20，相对个位数就是 200，所以这五个数字相加的总数的个位数和十位数构成的新数就是这五个数字的个位数相加的和。

由于前四个骰子个位数与百位数之间的关系是和为 10，第五个骰子个位数与百位数之间的关系是和为 8。但个位数字进了 2，所以五个骰子个位数与百位数的和是：

$$10\times4+2+8=50$$

我们用 50 减去个位数的和，差就是百位以上的数对应的数字，则

$$100\times(50-\text{个位数的和})+\text{个位数的和}=\text{五个骰子顶面的数字和}$$

例如：个位数的和是 19，则百位以上的数对应的数字是：

$$50-19=31$$

则

$$\text{五个骰子顶面的数字和}=31\times100+19=3\ 119$$

所以魔术师仅算个位数的和，就知道五个骰子顶面的数字和，所以算得快。

# 卡片的魔术

魔术师在黑板上出示一张卡片，上面写着60个数。

| | | | | | | | | | |
|---|---|---|---|---|---|---|---|---|---|
| 1 | 2 | 3 | 4 | 5 | 6 | 7 | 8 | 9 | 10 |
| 11 | 12 | 13 | 14 | 15 | 16 | 17 | 18 | 19 | 20 |
| 21 | 22 | 23 | 24 | 25 | 26 | 27 | 28 | 29 | 30 |
| 31 | 32 | 33 | 34 | 35 | 36 | 37 | 38 | 39 | 40 |
| 41 | 42 | 43 | 44 | 45 | 46 | 47 | 48 | 49 | 50 |
| 51 | 52 | 53 | 54 | 55 | 56 | 57 | 58 | 59 | 60 |

魔术师随意喊一名观众上台和他一起玩这个魔术。魔术师指着那张数字卡片，对观众说："你从中任意圈出一个含有16个数的方阵。"

观众随意圈了一个4×4的方阵：

| | | | |
|---|---|---|---|
| 2 | 3 | 4 | 5 |
| 12 | 13 | 14 | 15 |
| 22 | 23 | 24 | 25 |
| 32 | 33 | 34 | 35 |

随后，魔术师继续发出操作指令："每次从这16个数中任意选一个数，把这个数的上下左右的数都划去，然后再选一个数，按同样的方法操作，一共选4个。我在你选数前会先把你将要选的4个数的和写下来。"

接着，魔术师在一张纸条上写下一个数，然后把它压在盒下面，下面就轮到观众选数了。观众按步骤完成了"选数—划数—选数—划数……"的过程。

最后，观众得到的4个数分别是13，35，22和4，13+35+22+4=74，即4个数之和为74。魔术师故弄玄虚地说："睁大眼睛，现在是见证奇迹的时刻。"纸条上清清楚楚、明明白白地写着一个数：74。

## 魔术揭秘

当观众选中16个数时，无论最后选了哪4个数，它们的和总等于四个角上的4个数(或对角线上4个数)之和。

可为什么会这样呢？针对这个方阵，认真分析了每次选中的4个数，我们发现它们都不在同一行，也不在同一列，有24种组合和，分别为：

$$2+13+24+35=74$$

2+13+34+25=74

2+14+23+35=74

2+14+33+25=74

2+15+23+34=74

2+15+33+24=74

3+12+24+35=74

3+12+34+25=74

3+14+22+35=74

3+14+32+25=74

3+15+22+34=74

3+15+32+24=74

4+12+23+35=74

4+12+33+25=74

4+13+22+35=74

4+13+32+25=74

4+15+22+33=74

4+15+32+23=74

5+12+23+34=74

5+12+33+24=74

5+13+22+34=74

5+13+32+24=74

5+14+22+33=74

5+14+32+23=74

对于不同的方阵也有类似的结论,当然值可能不相同,但其和必等于对角线上 4 个数的和,所以魔术师只要看一下其他方阵对角线上 4 个数的和,就知道了所有可能组合的和。如果不信,你可以试一试!

# 生日方阵

观众小明庆祝24岁的生日。魔术师在一张纸上写下了下面这个4×4的数字方阵：

| | | | |
|---|---|---|---|
| 7 | 4 | 5 | 4 |
| 10 | 7 | 8 | 7 |
| 6 | 3 | 4 | 3 |
| 9 | 6 | 7 | 6 |

然后从张三开始，每个人从中任选一个数字画圆圈，同时把这个数字所在的那一行和那一列的其他数字都划掉。

张三选了8：

| | | | |
|---|---|---|---|
| 7 | 4 | ~~5~~ | 4 |
| ~~10~~ | ~~7~~ | ⑧ | ~~7~~ |
| 6 | 3 | ~~4~~ | 3 |
| 9 | 6 | ~~7~~ | 6 |

李四选了7：

| | | | |
|---|---|---|---|
| ⑦ | ~~4~~ | ~~5~~ | ~~4~~ |
| ~~10~~ | ~~7~~ | ⑧ | ~~7~~ |
| ~~6~~ | 3 | ~~4~~ | 3 |
| ~~9~~ | 6 | ~~7~~ | 6 |

王五在剩下的数字里选了3：

| | | | |
|---|---|---|---|
| ⑦ | ~~4~~ | ~~5~~ | ~~4~~ |
| ~~10~~ | ~~7~~ | ⑧ | ~~7~~ |
| ~~6~~ | ③ | ~~4~~ | ~~3~~ |
| ~~9~~ | ~~6~~ | ~~7~~ | 6 |

薛六没有别的选择，只好在剩下的数字里选了 6：

| | | | |
|---|---|---|---|
| ⑦ | 4 | 5 | 4 |
| 10 | 7 | ⑧ | 7 |
| 6 | ③ | 4 | 3 |
| 9 | 6 | 7 | ⑥ |

现在把四个人选择的数字加到一起，会发现什么？

$$8+7+3+6=24$$

正好是寿星小明的生日。

如果一开始四个人选择了其他的数字，加到一起的结果还是 24 吗？没错，魔术师最初写下的数字方阵是神奇的生日方阵，从里面任选四个互不同行互不同列的数，它们的数字之和都是 24！

魔术师是怎么做到这一点的呢？

## 魔术揭秘

其实，这种数字方阵的原理简单得令人难以置信。魔术师是这样做的：首先把 24 写成任意 8 个数字相加的形式，比如

$$24=3+6+2+5+4+1+2+1$$

接着，魔术师画了一个表格，把这 8 个数字一半填到第一行，一半填进第一列：

| | 4 | 1 | 2 | 1 |
|---|---|---|---|---|
| 3 | | | | |
| 6 | | | | |
| 2 | | | | |
| 5 | | | | |

然后，在其他格子里填入对应行和对应列的数字之和，一个 4×4 的生日方阵就做好了。

| | 4 | 1 | 2 | 1 |
|---|---|---|---|---|
| 3 | 7 | 4 | 5 | 4 |
| 6 | 10 | 7 | 8 | 7 |
| 2 | 6 | 3 | 4 | 3 |
| 5 | 9 | 6 | 7 | 6 |

按照生日方阵的玩法，无论这四个人选了什么数字，最后这些数字加到一起，一定等于原来那 8 个数字之和。

# 四季平安

公历为世界大多数国家通用的历法。本魔术就是魔术师应用这个历法，把年度、季度、月份和部分日期，通过数学的巧妙运算，有机地联系在一起，使最终的运算结果出乎观众意料，从而达到令人满意的魔术表演效果。

1. 魔术师请观众从年度挂历上选择任何一个月份，假如观众选定1999年2月份。提前写好一个4，放在旁边。

2. 从选定的月份上，请观众任意标定九个日期。标定的要求是九个日期横三竖三，日期之间连在一起，形成一个方阵图。

3. 请观众将所标定的九个日期相加，其和用字母 $s$ 表示。不妨设方阵为：

$$\begin{matrix} 4 & 5 & 6 \\ 11 & 12 & 13 \\ 18 & 19 & 20 \end{matrix}$$

则和为：

$$s=4+5+6+11+12+13+18+19+20=108$$

4. 请观众将数 $s$ 再加上任何一年和每年的12个月。其年度的选择可由观众任选。假定观众指定为1999年，则有

$$s+1\ 999+12=108+1\ 999+12=2\ 119$$

5. 请观众将此数的每个数字逐个相加，一直加到最后一位数止，此时则有：

$$2+1+1+9=13$$

$$1+3=4$$

最终运算结果为4，此数为魔术师早已预测到的。最终运算结果4由魔术师当众宣布，并说，数4代表每年的四个季度，且寓意为四季平安。魔术师继续对观众说，他设计的这套魔术，把年度、季度、月份和日期的内在联系用数学运算的方法串在一起，并形成一个有机的整体。

## 魔术揭秘

一个数除以9的余数相当于它各个数位上数字之和除以9的余数。反过来，把一个数的各个数位上数字相加就相当于减去9的某个倍数，所以叫弃9。弃9可以使我们快速得到某数除以9的余数。

1. 对于观众所选定的日历月份和所标定的九个日期，九个日期横三竖三。

设第一排三个日期为：$a,a+1,a+2$，第二排三个日期为：$7+a,7+a+1,7+a+2$，第三排三个日期为：$14+a,14+a+1,14+a+2$，则

$$a+(a+1)+(a+2)+(7+a)+(7+a+1)+(7+a+2)+(14+a)+(14+a+1)+(14+a+2)=9a+72$$

此式说明横三竖三九个日期的数字之和必定可被9除，我们不必考虑日期除9对余

数的影响。只要把选定的年度和每年的 12 个月相加，再把相加所得到的和数(此例为 1 999+12=2 011)每个数字逐个相加，一直加到最后一位数止，则该数就是最终的运算结果，即 2 011 变为

$$2+0+1+1=4$$

2. 年度的选定，本例是由魔术师指定为 1999 年。每年均是 12 个月，是客观存在的，既不需要观众选定也不用魔术师指定。假如观众年度选择不同，那么最终的运算结果就会随年度的不同而变化。此时魔术师只好根据观众所选定的年度临时进行计算。例如观众选定 1979 年，那么魔术师很快就可以计算出最终结果是

$$1\,979+12=1\,991$$

$$1+9+9+1=20$$

$$2+0=2$$

以此类推。

## 一叶知秋

魔术师让观众公开在纸上任意写出第一个多位数，然后，魔术师在别处秘密写出一个多一位的多位数，接着魔术师让观众在第一个多位数下面写一个位数不多于第一个多位数位数的多位数，魔术师在这个多位数下面看似无意地写出第三个多位数，其位数不多于第一个多位数的位数。接着让观众任意写出第四个多位数，其位数不多于第一个多位数的位数。魔术师在这个多位数下面看似无意地写出第五个多位数，其位数不多于第一个多位数的位数。

这时魔术师让观众计算五个数的和，也可用计算器，计算出结果后，奇迹出现了，魔术师拿出在别处秘密写出那个多一位的多位数，竟然与计算结果一点不差。

例如：观众写了一个六位数是 897 643，魔术师在别处写七位数是 2 897 641，观众写的第二个六位数是 307 624，魔术师写出第三个六位数是 692 375，观众写的第四个六位数是 879 074，魔术师写出第五个六位数是 120 925，我们看计算结果：

$$\begin{array}{r} 8\ 9\ 7\ 6\ 4\ 3 \\ 3\ 0\ 7\ 6\ 2\ 4 \\ 6\ 9\ 2\ 3\ 7\ 5 \\ 8\ 7\ 9\ 0\ 7\ 4 \\ +\quad 1\ 2\ 0\ 9\ 2\ 5 \\ \hline 2\ 8\ 9\ 7\ 6\ 4\ 1 \end{array}$$

例如：观众写了一个四位数是 8 976，你在别处写五位数是 28 974，观众写的第二个数是 30(位数不超过第一个数的位数)，你写出第三个多位数是 9 969，观众写的第四个数是 9 972，你写出第五个数是 27，我们看计算结果：

$$
\begin{array}{r}
8976 \\
30 \\
9969 \\
9972 \\
+\quad 27 \\
\hline
28974
\end{array}
$$

还是一点不错,神奇吧?大家想知道其中的秘密吗?

## 魔术揭秘

我们观察第二个数与第三个数的个位上数字的和,原来都是9,我们再观察第四个数与第五个数的个位上数字的和,原来也都是9,9作为一个控制数,你写小了,我就写大点,你写大了,我就写小点,总之使其和等于9。第二个数与第三个数的和必是99…99,第四个数与第五个数的和也必是99…99。99…99与99…99的和为:

$$
\begin{array}{r}
99\cdots99 \\
+\quad 99\cdots99 \\
\hline
199\cdots98
\end{array}
$$

和的最后一位数是8。若19…98加上2,就变成200…0了。所以我们在第一个数上借一个2,然后在最高位的前一位加上一个2,和不变,这就是看到第一个数可写成五个数和的秘密。

具体操作方法是,在第一个数的最高位的前一位加上一个2,在个位数上减去2,在各个位上使两个数和为9。

当然,我们也可把魔术改变一下,根据第五个数写和,表演过程如下:让观众在纸上任意写出第一个多位数,规定,后边写的数的位数不能超过第一个数的位数,然后,魔术师在这个多位数下面写出第二个多位数。接着观众任意写出第三个多位数,魔术师又任意写出第四个多位数。最后,当观众依次写出第五个多位数时,魔术师就马上知道以上五个多位数的总和了。

例如:甲写的第一个多位数是30 267,乙写的第二个多位数是69 732;甲写的第三个多位数是73 290,乙写的第四个多位数是26 709,甲又写的第五个多位数是77 005,乙立刻就能算出这5个多位数的总和是:277 003。大家想知道其中的秘密吗?这个秘密就是——对方写完多位数以后,你再写多位数时,一定要使这个数和对方所写的数的每位数相加的和都是9。

从对方写的最后一个多位数的个位数减去2,并把2移至这个数的最前面,所得的数便是结果。

例如,甲:30 267

乙:69 732

甲:73 290

乙:26 709

甲:77 005(个位数5减去2等于3,3即为答案的末位数)

答案:277 003(2放在最前面)

再如,甲:80 002

乙:19 997

甲:67 390

乙:32 609

甲:72 900(900减去2等于898,898即为答案的末三位数)

答案:272 898(2放在最前面)

注:当个位数为0时,按照此例处理。

这个方法还可以计算七个数的和,还是将各个对应位配成9,但结果要在第一个数或第七个数的个位减去3,把3放在最前面。

例如:甲写250,乙在别处写3 247,甲写189,乙写810,甲写89,乙写910,甲写945,乙写54,我们看七个数的和:

$$250+189+810+89+910+945+54=3\ 247$$

例如:甲写149,乙写850,甲写982,乙写17,甲写98,乙写901,甲写594,乙立刻算出七个数的和是3 591,我们用计算器计算得到七个数的和:

$$149+850+982+17+98+901+594=3\ 591$$

这个方法还可以计算九个数的和,将各个对应位配成9,但结果要在第一个数或第九个数的个位减去4,把4放在最前面。

## 六数之和

魔术师告诉观众将要做一个预言,然后在一张卡片纸上写一个数字,叠好放在桌子上。随后魔术师取出一张卡片,上面是写满了数字的6×6表格。魔术师取出六枚棋子,请观众随意地将棋子放在表格上,每一行和每一列都必须放一个,位置不限。然后魔术师请观众将被棋子盖住的数字相加,等观众报出答案后,魔术师打开刚才折叠起来的那张纸,观众会惊奇地发现,答案早就写在纸上了。

### 魔术揭秘

这个魔术的表格制作:首先找12个不同的数,并且使它们相加的和是121,如:

$$5+6+8+9+18+3+7+13+15+16+1+20=121$$

将这12个数分成两组,每组6个。

例如:第一组数字为:5,6,8,9,18,3,第二组数字为:7,13,15,16,1,20。

然后在纸上画出7×7的表格,在表格左上角的格子里写加号,加号右边的6个空格里写第一组的6个数字,在加号下边的6个空格里写第二组的6个数字,再在剩余的36个空格里填入本列第一个数与本行第一个数的和。

| + | 5 | 6 | 8 | 9 | 18 | 3 |
|---|---|---|---|---|---|---|
| 7 | 12 | 13 | 15 | 16 | 25 | 10 |
| 13 | 18 | 19 | 21 | 22 | 31 | 16 |
| 15 | 20 | 21 | 23 | 24 | 33 | 18 |
| 16 | 21 | 22 | 24 | 25 | 34 | 19 |
| 1 | 6 | 7 | 9 | 10 | 19 | 4 |
| 20 | 25 | 26 | 28 | 29 | 38 | 23 |

最后,将表格的第一行和第一列去掉,即

| | | | | | |
|---|---|---|---|---|---|
| 12 | 13 | 15 | 16 | 25 | 10 |
| 18 | 19 | 21 | 22 | 31 | 16 |
| 20 | 21 | 23 | 24 | 33 | 18 |
| 21 | 22 | 24 | 25 | 34 | 19 |
| 6 | 7 | 9 | 10 | 19 | 4 |
| 25 | 26 | 28 | 29 | 38 | 23 |

此时,表格制作完毕。

这张表格中的每一个数字其实是原表格中 12 个数字中其中两个数相加之和,只要观众选择不同的行或列,就能使和为 121 的 12 个初始数字全部被选中,并且仅选中一次。因此,不管观众怎样放棋子,结果都是 121。

该魔术只能表演一次,否则会露馅儿。

## 猜出你的星座

很多年轻朋友对星座都特别感兴趣,知道自己的星座,还根据星座的运势查看自己当天的爱情、工作、财运等运势。但魔术师说他能用心灵猜出你的星座。这究竟是怎么回事呢,一起跟随魔术师看看吧。

首先,请根据自己的出生日期,看看自己是属于哪个星座的。

| | | |
|---|---|---|
| 白羊座 | 3 月 21 日 ~4 月 19 日 | 顺序号 1 |
| 金牛座 | 4 月 20 日 ~5 月 20 日 | 顺序号 5 |
| 双子座 | 5 月 21 日 ~6 月 21 日 | 顺序号 9 |

| | | |
|---|---|---|
| 巨蟹座 | 6 月 22 日 ~7 月 22 日 | 顺序号 2 |
| 狮子座 | 7 月 23 日 ~8 月 22 日 | 顺序号 6 |
| 处女座 | 8 月 23 日 ~9 月 22 日 | 顺序号 10 |
| 天秤座 | 9 月 23 日 ~10 月 23 日 | 顺序号 3 |
| 天蝎座 | 10 月 24 日 ~11 月 22 日 | 顺序号 7 |
| 射手座 | 11 月 23 日 ~12 月 21 日 | 顺序号 11 |
| 摩羯座 | 12 月 22 日 ~1 月 19 日 | 顺序号 4 |
| 水瓶座 | 1 月 20 日 ~2 月 18 日 | 顺序号 8 |
| 双鱼座 | 2 月 19 日 ~3 月 20 日 | 顺序号 12 |

然后,轮到魔术师出场了。这个魔术其实很简单,魔术师会先后展示给观众 A,B,C,D 四张图片,每一次观众只需要仔细看一看自己的星座有没有位列其中。

| | | |
|---|---|---|
| 射手座 | 双子座 | 天秤座 |
| 金牛座 | 白羊座 | 天蝎座 |

图片 A

| | | |
|---|---|---|
| 巨蟹座 | 天蝎座 | 射手座 |
| 处女座 | 狮子座 | 天秤座 |

图片 B

| | | |
|---|---|---|
| 天蝎座 | 狮子座 | 金牛座 |
| 双鱼座 | 摩羯座 | |

图片 C

| | | |
|---|---|---|
| 处女座 | 射手座 | 双鱼座 |
| 双子座 | 水瓶座 | |

图片 D

举个例子，如果你是每四年才可以过一次生日的人，出生日期是2月29日，那你的星座是双鱼座。这样，你的星座只有在图片C和D中才可以看到，在图片A、B中都看不到。把这个结果告诉魔术师，魔术师经过一番“心灵感应”后，就可以确定你是双鱼座。

### 魔术揭秘

对于不明真相的围观者来说，这个魔术会显得很神奇。蹊跷之处在于这是个二进制魔术，魔术师具体的做法是：如果你的星座出现在卡片A中，用1表示；如果你的星座出现在卡片B中，用2表示；如果你的星座出现在卡片C中，用4表示；如果你的星座出现在卡片D中，用8表示。我们把1,2,4,8叫特征数，最后把各个卡片的特征数相加，最后得到的数字就是星座的顺序号，按顺序号找图形，就有答案了。

## 烽火台

古代烽火台是战争中通信的工具，修建一个烽火台，可以报告有无敌人来犯及来犯敌人的数目。假如修建六个烽火台，以1 000人为单位，六个烽火台可报告1 000～63 000人之间的数目。报告方法如下：

如图所示有A,B,C,D,E,F六个烽火台，烽火台下面依次标上数字32,16,8,4,2,1。现在是B,D,F三个烽火台点燃了烽火，就把这三个烽火台下面的数字相加，$16+4+1=21$，说明有$1\,000\times21=21\,000$名敌人来犯。假如把A,D,E,F四个烽火台点燃，由$32+4+2+1=39$，可知有$1\,000\times39=39\,000$名敌人来犯。你知道以上作为发出信号的一方是如何根据敌人来犯的人数点燃烽火台的吗？而作为接收信号的一方，又是如何根据烽火台点燃的情况来计算敌人数目的？

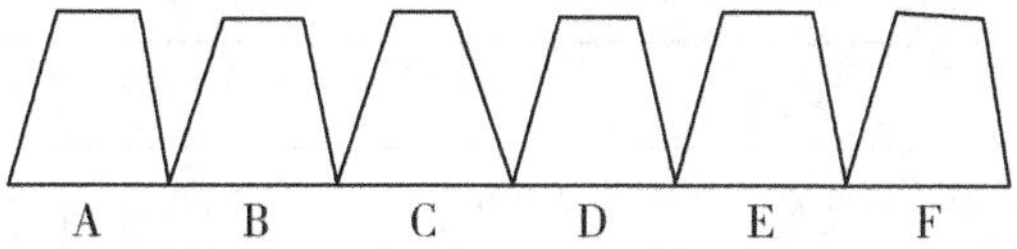


## 魔术揭秘

从这六个烽火台下面的数字可以看出，只要是 1 到 63 之间的任何数，都能由 A,B,C,D,E,F 六个烽火台下面的数字相加找到。烽火台传数的道理是使用了二进制数。二进制数的最大优点是可以用两个动作表示任何数字。用点燃烽火表示“1”，用熄灭表示“0”。

下面七张卡片实际上是一种编码，将数按二进制数中的“1”和“0”分别放在七张卡片中。

| A | | | | | | |
|---|---|---|---|---|---|---|
| 1 | 3 | 5 | 7 | 9 | 11 | 13 |
| 15 | 17 | 19 | 21 | 23 | 25 | 27 |
| 29 | 31 | 33 | 35 | 37 | 39 | 41 |
| 43 | 45 | 47 | 49 | 51 | 53 | 55 |
| 57 | 59 | 61 | 63 | 65 | 67 | 69 |
| 71 | 73 | 75 | 77 | 79 | 81 | 83 |
| 85 | 87 | 89 | 91 | 93 | 95 | 97 |
| 99 | 101 | 103 | 105 | 107 | 109 | 111 |
| 113 | 115 | 117 | 119 | 121 | 123 | 125 |
| 127 | | | | | | |

| B | | | | | | |
|---|---|---|---|---|---|---|
| 2 | 3 | 6 | 7 | 10 | 11 | 14 |
| 15 | 18 | 19 | 22 | 23 | 26 | 27 |
| 30 | 31 | 34 | 35 | 38 | 39 | 42 |
| 43 | 46 | 47 | 50 | 51 | 54 | 55 |
| 58 | 59 | 62 | 63 | 66 | 67 | 70 |
| 71 | 74 | 75 | 78 | 79 | 82 | 83 |
| 86 | 87 | 90 | 91 | 94 | 95 | 98 |

续表

| B | | | | | | |
|---|---|---|---|---|---|---|
| 99 | 102 | 103 | 106 | 107 | 110 | 111 |
| 114 | 115 | 118 | 119 | 122 | 123 | 126 |
| 127 | | | | | | |

| C | | | | | | |
|---|---|---|---|---|---|---|
| 4 | 5 | 6 | 7 | 12 | 13 | 14 |
| 15 | 20 | 21 | 22 | 23 | 28 | 29 |
| 30 | 31 | 36 | 37 | 38 | 39 | 44 |
| 45 | 46 | 47 | 52 | 53 | 54 | 55 |
| 60 | 61 | 62 | 63 | 68 | 69 | 70 |
| 71 | 76 | 77 | 78 | 79 | 84 | 85 |
| 86 | 87 | 92 | 93 | 94 | 95 | 100 |
| 101 | 102 | 103 | 108 | 109 | 110 | 111 |
| 116 | 117 | 118 | 119 | 124 | 125 | 127 |

| D | | | | | | |
|---|---|---|---|---|---|---|
| 8 | 9 | 10 | 11 | 12 | 13 | 14 |
| 15 | 24 | 25 | 26 | 27 | 28 | 29 |
| 30 | 31 | 40 | 41 | 42 | 43 | 44 |
| 45 | 46 | 47 | 56 | 57 | 58 | 59 |
| 60 | 61 | 62 | 63 | 72 | 73 | 74 |
| 75 | 76 | 77 | 78 | 79 | 88 | 89 |
| 90 | 91 | 92 | 93 | 94 | 95 | 104 |
| 105 | 106 | 107 | 108 | 109 | 110 | 111 |
| 120 | 121 | 123 | 124 | 125 | 126 | 127 |

| E | | | | | | |
|---|---|---|---|---|---|---|
| 16 | 17 | 18 | 19 | 20 | 21 | 22 |
| 23 | 24 | 25 | 26 | 27 | 28 | 29 |

续表

| E | | | | | | |
|---|---|---|---|---|---|---|
| 30 | 31 | 48 | 49 | 50 | 51 | 52 |
| 53 | 54 | 55 | 56 | 57 | 58 | 59 |
| 60 | 61 | 62 | 63 | 90 | 91 | 92 |
| 93 | 94 | 95 | 96 | 97 | 98 | 99 |
| 100 | 101 | 102 | 103 | 104 | 105 | 122 |
| 123 | 124 | 125 | 126 | 127 | | |

| F | | | | | | |
|---|---|---|---|---|---|---|
| 32 | 33 | 34 | 35 | 36 | 37 | 38 |
| 39 | 40 | 41 | 42 | 43 | 44 | 45 |
| 46 | 47 | 48 | 49 | 50 | 51 | 52 |
| 53 | 54 | 55 | 56 | 57 | 58 | 59 |
| 60 | 61 | 62 | 63 | 95 | 96 | 97 |
| 98 | 99 | 100 | 101 | 102 | 103 | 104 |
| 105 | 106 | 107 | 108 | 109 | 110 | 111 |
| 112 | 113 | 114 | 115 | 116 | 117 | 118 |
| 119 | 120 | 121 | 122 | 123 | 124 | 125 |
| 126 | 127 | | | | | |

| G | | | | | | |
|---|---|---|---|---|---|---|
| 64 | 65 | 66 | 67 | 68 | 69 | 70 |
| 71 | 72 | 73 | 74 | 75 | 76 | 77 |
| 78 | 79 | 80 | 81 | 82 | 83 | 84 |
| 85 | 86 | 87 | 88 | 89 | 90 | 91 |
| 92 | 93 | 94 | 95 | 96 | 97 | 98 |
| 99 | 100 | 101 | 102 | 103 | 104 | 105 |
| 106 | 107 | 108 | 109 | 110 | 111 | 112 |
| 113 | 114 | 115 | 116 | 117 | 118 | 119 |
| 120 | 121 | 122 | 123 | 124 | 125 | 126 |

续表

| G | | | | | | |
|---|---|---|---|---|---|---|
| 127 | | | | | | |

第一张卡片 A 中的数是二进制数,倒数第一位数都含 1。

第二张卡片 B 中的数是二进制数,倒数第二位数都含 1。

第三张卡片 C 中的数是二进制数,倒数第三位数都含 1。

第四张卡片 D 中的数是二进制数,倒数第四位数都含 1。

第五张卡片 E 中的数是二进制数,倒数第五位数都含 1。

第六张卡片 F 中的数是二进制数,倒数第六位数都含 1。

第七张卡片 G 中的数是二进制数,倒数第七位数都含 1。

如 127 的二进制表示数是 1 111 111,而

$$1\ 111\ 111=1\ 000\ 000+100\ 000+10\ 000+1\ 000+100+10+1$$

所以 127 出现在所有七个表格中。

又如 44 的二进制表示数是 101 100,而

$$101\ 100=100\ 000+1000+100$$

所以 44 只出现在三个表格中,即 C,D,F 三个表格中。

由于一个数倒数第一位数可能含 1,但其他位数也可能含 1,所以一个数可被分在不同卡片中。

由于一个数的二进制可分解成各个表中第一个数的和,所以我们可用各个表中第一个数的和表示 1 至 127 中任何一个数。所以这个数在哪个表中,我们就用这个表中的第一个十进位数做加数,求和后,就得你心中需猜的十进位数。

魔术步骤:

1. 将卡片交给观众,让观众默记 1 至 127 之间的一个数。

2. 问这张卡片中有没有他默记的数。

3. 把有他默记的数的卡片中的第一个数相加,和便是他所默记的数。

例如:默记的数是 18,必在 B,E 两张卡片中出现,B 卡片的第一个数字是 2,E 卡片的第一个数字是 16,

$$2+16=18$$

## 二进制猜数

魔术师要观众心中想一个 1 到 60 内的数字并看以下六张数字卡片,六张数字卡片分别标记为:A,B,C,D,E,F。

观众告诉魔术师哪些卡片中有自己心中想的数字,如 B 和 D 卡片中有他心中想的数字,魔术师会在 1 秒钟内说出该观众心中想的这个数字。

| A | | | | | |
|---|---|---|---|---|---|
| 1 | 3 | 5 | 7 | 9 | 11 |
| 13 | 15 | 17 | 19 | 21 | 23 |
| 25 | 27 | 29 | 31 | 33 | 35 |
| 37 | 39 | 41 | 43 | 45 | 47 |
| 49 | 51 | 53 | 55 | 57 | 59 |

| B | | | | | |
|---|---|---|---|---|---|
| 2 | 3 | 6 | 7 | 10 | 11 |
| 14 | 15 | 18 | 19 | 22 | 23 |
| 26 | 27 | 30 | 31 | 34 | 35 |
| 38 | 39 | 42 | 43 | 46 | 47 |
| 50 | 51 | 54 | 55 | 58 | 59 |

| C | | | | | |
|---|---|---|---|---|---|
| 4 | 5 | 6 | 7 | 12 | 13 |
| 14 | 15 | 20 | 21 | 22 | 23 |
| 28 | 29 | 30 | 31 | 36 | 37 |
| 38 | 39 | 44 | 45 | 46 | 47 |
| 52 | 53 | 54 | 55 | 60 | |

| D | | | | | |
|---|---|---|---|---|---|
| 8 | 9 | 10 | 11 | 12 | 13 |
| 14 | 15 | 24 | 25 | 26 | 27 |
| 28 | 29 | 30 | 31 | 40 | 41 |
| 42 | 43 | 44 | 45 | 46 | 47 |
| 56 | 57 | 58 | 59 | 60 | |

| E | | | | | |
|---|---|---|---|---|---|
| 16 | 17 | 18 | 19 | 20 | 21 |
| 22 | 23 | 24 | 25 | 26 | 27 |
| 28 | 29 | 30 | 31 | 48 | 49 |
| 50 | 51 | 52 | 53 | 54 | 55 |
| 56 | 57 | 58 | 59 | 60 | |

| F | | | | | |
|---|---|---|---|---|---|
| 32 | 33 | 34 | 35 | 36 | 37 |
| 38 | 39 | 40 | 41 | 42 | 43 |
| 44 | 45 | 46 | 47 | 48 | 49 |
| 50 | 51 | 52 | 53 | 54 | 55 |
| 56 | 57 | 58 | 59 | 60 | |

方法就是把含有观众心中想的数字的卡片第一个数字相加，其结果就是观众心中想的数。

### 魔术揭秘

任何一个正整数都可表示成：

N=$2^0$ 位上的系数×$2^0$+$2^1$ 位上的系数×$2^1$+$2^2$ 位上的系数×$2^2$+$2^3$ 位上的系数×$2^3$+…

各位上的数不是1，就是0，所以我们把第某一位上是1的数列成表。

表的构造：

表A是倒数第一位含1的数。

表B是倒数第二位含1的数。

表C是倒数第三位含1的数。

表D是倒数第四位含1的数。

表E是倒数第五位含1的数。

而 $2^s$ 就是第 $s$+1 个表里的第一个数字，根据

$N$=$2^0$ 位上的系数×$2^0$+$2^1$ 位上的系数×$2^1$+$2^2$ 位上的系数×$2^2$+$2^3$ 位上的系数×$2^3$+…

则所想的数就是各个选中的卡片第一个数字的和。

## 数学家的“噩梦”

魔术师拿出一副扑克牌，写上一个数字秘密封存起来。之后魔术师先洗牌，然后拿出四张分四堆，背面朝上；再拿出四张分在原来的四堆上；第三次拿出四张分在原来的四

堆上;第四次拿出四张分在原来的四堆上。现在四堆共十六张扑克,其余的牌放在一边不要管了。

打开每堆的牌组成一个四位数,顺序不能变,但可以正读,也可以反读。要正读四堆都正读,要反读四堆皆反读。这样形成四个四位数,让观众求这四个四位数的和,观众回答说21 109,然后魔术师拿出早已写好的数:21 109。

### 魔术揭秘

这十六张扑克是魔术师提前准备好的,放在底部,洗牌可以上下翻这十六张以外的扑克,但不翻这十六张扑克。然后魔术师找到这十六张扑克的第一张,从这张牌开始四张四张地取,共取十六张扑克,这十六张扑克的点数分别是:3,3,4,1,3,8,7,5,5,7,6,5,8,1,2,8。把4,1,8,6紧贴在一起放,把5,7,2,5紧贴在一起放,把3,8,5,3紧贴在一起放,把8,7,1,3紧贴在一起放。共四组,每组四张,这四张的顺序组内可以前后互换,但各组之间不能互换,各组数字的和永远是19。这样,一组的数字必处于千位,一组的数字必处于百位,一组的数字必处于十位,一组的数字必处于个位。

我们设第一组为$a,b,c,d$,且

$$a+b+c+d=19$$

我们设第二组为$e,f,g,h$,且

$$e+f+g+h=19$$

我们设第三组为$i,j,k,l$,且

$$i+j+k+l=19$$

我们设第四组为$m,n,o,p$,且

$$m+n+o+p=19$$

第一组分四堆作千位数,第二组分四堆作百位数,第三组分四堆作十位数,第四组分四堆作个位数,则第一个数字为$1\ 000a+100e+10i+m$,第二个数字为$1\ 000b+100f+10j+n$,第三个数字为$1\ 000c+100g+10k+o$,第四个数字为$1\ 000d+100h+10l+p$。这四个数的和为

$$(1\ 000a+100e+10i+m)+(1\ 000b+100f+10j+n)+(1\ 000c+100g+10k+o)+(1\ 000d+100h+10l+p)$$
$$=1\ 000(a+b+c+d)+100(e+f+g+h)+10(i+j+k+l)+(m+n+o+p)$$
$$=1\ 000\times19+100\times19+10\times19+19$$
$$=21\ 109$$

例如:四个数字为3 341,3 875,5 765,8 128,显然

$$3+3+5+8=19$$
$$3+8+7+1=19$$
$$4+7+6+2=19$$
$$1+5+5+8=19$$
$$3\ 341+3\ 875+5\ 765+8\ 128=21\ 109$$

例如:四个数字为1 433,5 783,5 675,8 218,显然

$$1\ 433+5\ 783+5\ 675+8\ 218=21\ 109$$

## 预言牌点

一副牌洗过之后(谁洗都行),魔术师的手放到牌上“感应”,然后在纸上写下一个牌点(比如:红桃7)。

接下来,魔术师要求观众在10~19中说一个数,比如15,数出前15张牌。然后,让观众把他说的两位数的两个数字相加,1+5=6,请观众从后往前数出第6张牌。

魔术师把自己事先写好的纸片翻开,观众手里拿的那张牌,恰好就是他纸上写的:红桃7。

### 魔术揭秘

设观众指定的数是$10+b$,那么数到第$(1+b)$张,实际上是从$10+b$中去掉$(1+b-1)$张,故位置为

$$(10+b)-(1+b-1)=10$$

不管观众选的是十几,当他把这两个数字相加,并在这数好的扑克中从后往前数到这一张时,他挑的必须是整副牌的第10张,魔术师只需要偷偷地看下第10张牌,并抄下来就行。

## 魔术师的记忆

魔术师手中拿着一副普通的扑克牌,共有54张,交给一个公证人在台上表演,他交代公证人把牌按以下方案分成四堆后走下台来与观众坐在一起。

第一堆:随便抽出25张,每一张的正面给观众和魔术师观看清楚后将牌的背面朝上依次叠放。

第二堆:在余下的29张牌中随便抽出一张作为底牌,记住它的点数。A算1点,J、Q、K分别算作11点、12点、13点,抽到大小王时要重新抽取。然后从这张底牌的点数数起,一张一张地抽取,一张一张地数,直到13为止。把每张牌的背面朝上叠放成一堆,比如,第一张抽到的是红桃7,那就把这一张算作7,再取一张算作8,再取一张算作9,依次是10,11,12,13。

第三堆:在余下的牌中按照第二堆的取法取牌。

第四堆:在余下的牌中仍然按照第二堆、第三堆的取法取牌,如果第四堆的牌不够,则从第一堆中从上往下顺次取出;如果第四堆取完后仍有余牌,则将余下的牌全部放在第一堆的上面。

魔术师的神奇之处在于只要公证人告诉他第二、三、四堆牌这三堆牌的底牌点数之和是多少,他就能猜出第一堆牌中自上而下与和数相应的第几张牌的点数和花色是什

么。也就是说，如果三堆底牌的点数之和是 $n$，那他就能知道第一堆牌中自上而下的第 $n$ 张牌是什么。

经过几次表演之后，观众们惊叹不已，大家认为魔术师的记忆力特强。

## 魔术揭秘

按次序记住第一堆牌中的各张牌可能吗？不可能。而事实上，魔术师只需记住一张牌，那魔术师只需记住的是第一堆中从上而下的第几张牌？

假设第二堆底牌为 $x$，第三堆底牌为 $y$，第四堆底牌为 $z$，且第四堆没取完。第二堆底牌本身是一张牌，还需补充 $13-x$，共有 $13+1-x$ 张牌，第三堆有 $14-y$ 张牌，第四堆有 $14-z$ 张牌。29 张牌中还剩下：

$$
\begin{aligned}
&29-(14-x)-(14-y)-(14-z)\\
&=29-42+x+y+z\\
&=x+y+z-13
\end{aligned}
$$

这些牌加到 25 张牌中，张数和为：

$$25+x+y+z-13=12+x+y+z$$

数到第 $x+y+z$ 张，后边还有 12 张，从 25 张来看，数到第 $x+y+z$ 张，就是倒数数到第 13 张，所以只要记住第一次分的 25 张牌中的第 13 张牌的点数，就知道了三堆牌底牌和 $x+y+z$ 对应那张牌的点数。

# 第四章　减法的课堂魔术

## 棋子与数

一个两位数可用两堆棋子表示，比如43可用4枚棋子组成的一堆和3枚棋子组成的一堆表示。观众分别在10～19,20～29,30～39,40～49中各选一个数。现有52枚棋子，让观众做出相应的棋子堆来表示已选的四个数。只要把剩下的棋子给魔术师，则其就能知道观众所选的四个数之和。

### 魔术揭秘

设观众在10～19中选的数为$10+a$，在20～29中选的数为$20+b$，在30～39中选的数为$30+c$，在40～49中选的数为$40+d$，则四个数之和为：

$$(10+a)+(20+b)+(30+c)+(40+d)$$
$$=100+(a+b+c+d)$$

四个数用的棋子数为：

$$(1+a)+(2+b)+(3+c)+(4+d)$$
$$=10+(a+b+c+d)$$

共52颗棋子，剩余$s$颗棋子（已知），四个数用了$52-s$颗，则

$$52-s=10+(a+b+c+d)$$
$$(a+b+c+d)=42-s$$

则四个数之和为：

$$100+(a+b+c+d)$$
$$=100+42-s$$
$$=142-s$$

## 四数之和

魔术师拿出一张正方形的卡片，卡片上画着一个10×10的表格，格子里填满了各种数字。

| | | | | | | | | | |
|---|---|---|---|---|---|---|---|---|---|
| 24 | 11 | 3 | 20 | 7 | 24 | 11 | 3 | 20 | 7 |
| 5 | 17 | 9 | 21 | 13 | 5 | 17 | 9 | 21 | 13 |
| 6 | 23 | 15 | 2 | 19 | 6 | 23 | 15 | 2 | 19 |
| 12 | 4 | 16 | 8 | 25 | 12 | 4 | 16 | 8 | 25 |
| 18 | 10 | 22 | 14 | 1 | 18 | 10 | 22 | 14 | 1 |
| 24 | 11 | 3 | 20 | 7 | 24 | 11 | 3 | 20 | 7 |
| 5 | 17 | 9 | 21 | 13 | 5 | 17 | 9 | 21 | 13 |
| 6 | 23 | 15 | 2 | 19 | 6 | 23 | 15 | 2 | 19 |
| 12 | 4 | 16 | 8 | 25 | 12 | 4 | 16 | 8 | 25 |
| 18 | 10 | 22 | 14 | 1 | 18 | 10 | 22 | 14 | 1 |

接下来，魔术师又拿出一枚一元硬币，大小刚好能遮住卡片上的四个数字。魔术师请一位观众将硬币放在卡片上的任意位置的四个格子上，刚好遮住卡片上的四个数字。观众照办后，魔术师看不见数字却能立即报出四个数字之和，经过验证发现丝毫不差。

魔术师又请观众试了几次，结果是不管观众怎么做，速度有多快，魔术师总是可以在第一时间报出答案。

### 魔术揭秘

魔术师表演这个魔术的关键是卡片。当观众在卡片上放下一枚硬币后，魔术师只要从硬币中心的位置沿45°方向（左下、左上、右下、右上均可）数到硬币外的第二个格子，用65减去这一格子里的数，就是答案了。

例如：观众用硬币压住了四个数，如下图：

| | | | |
|---|---|---|---|
| 8 | 25 | | |
| 14 | 1 | | |
| 20 | 7 | 24 | 11 |
| 21 | 13 | 5 | 17 |

魔术师猜出了被压住的四个数字之和为44。

我们从图上可看到，圆的左下45°的第二个格子中的数字是21，那么

$$65-21=44$$

# 猜手心里的火柴棒根数

魔术师在桌子上放有25根火柴，请一位观众上台配合自己表演火柴棒的魔术。魔术师转过身背对火柴堆，向观众下达魔术操作指令：

1. 从这堆火柴棒中拿出6到15根，放入自己的口袋，这时桌上剩下的火柴根数是一个两位数，将这个两位数的个位数与十位数相加，但别告诉我这个和。

2. 从剩余的火柴棒中拿走根数为这个和的火柴棒放入口袋。

3. 再从剩余的火柴棒中任意取几根藏在手心里。

观众按照这三条指令操作了一遍，魔术师转过身来，看了看桌上剩余的火柴棒根数，报出观众藏在手心里的火柴棒根数。这是如何做到的？

## 魔术揭秘

设第一次被观众拿走放入口袋中的火柴棒根数是 $s$，桌上第一次剩余的火柴棒根数为 $10a+b$，

$$25-s=10a+b$$

根据题意，

$$6\leqslant s\leqslant 15$$

则

$$25-15\leqslant 25-s\leqslant 25-6$$

即

$$10\leqslant 25-s\leqslant 19$$

但

$$25-s=10a+b$$

则

$$10\leqslant 10a+b\leqslant 19$$

则

$$a=1$$

依题意

$$10a+b-(a+b)=9a$$

但

$$a=1$$

则操作指令“从剩余的火柴棒中拿走根数为这个和的火柴棒放入口袋”后桌上第二次的剩余数是9。设操作指令“再从剩余的火柴棒中任意取几根藏在手心里”，手心里的火柴棒根数是 $x$，桌上第三次剩余数是 $m$，$m$ 是已知数，则

$$x+m=9$$

则

$$x = 9 - m$$

即从 9 中减去桌上第三次剩余数就是藏在观众手心里的火柴棒根数。

## 有趣的数字推理

魔术师说:"你可以在计算器上任意输入一个三位数,先乘以 27,得出积后再乘以 37,你只要把最后结果的末三位数告诉我,我马上能猜出你一开始在计算器上输入的三位数是多少。"

观众告诉魔术师:"末三位数是 346。"

"那你一开始输入的肯定是 654。"魔术师很快回答了观众。这么快,真是很神奇。

### 魔术揭秘

首先,观众所报出的最后结果末三位数和开始输入的三位数加起来正好是 1 000,魔术师是用 1 000 减去观众报的末三位数猜出最初的三位数的,这是为什么呢?

$$27 \times 37 = 999$$

那么整个计算过程其实就是开始输入的三位数乘以 999,而

$$999 = 1\ 000 - 1$$

设开始输入的三位数是 $abc$,则

$$\begin{aligned} & 27 \times 37 \times abc \\ & = 999abc \\ & = (1\ 000 - 1)abc \\ & = 1\ 000abc - abc \\ & = 1\ 000(abc - 1) + 1\ 000 - abc \end{aligned}$$

设末三位数为 $def$,则

$$def = 1\ 000 - abc$$

则

$$abc = 1\ 000 - def$$

## 取巧猜生日

魔术师让观众在自己生日的日期后面添一个 0,然后乘以 2,加 73,再乘以 5,再加上生日的月份,把最后的得数告诉魔术师。魔术师就能立刻说出观众的生日,惊讶吧?

方法很简单。魔术师只需要从观众告诉他的数中减去 365,得数的后两位数就是观众生日的月份,前面一位或两位数就是观众生日的日期。

例如:观众告诉魔术师的数是677,

$$677-365=312$$

312 的后两位数是 12,前面的一位数是 3,观众的生日就是 12 月 3 日。

再比如:观众告诉魔术师的数是 2 073,

$$2\,073-365=1\,708$$

1 708 的后两位数是 08,前面的两位数是 17,观众的生日就是 8 月 17 日。

### 魔术揭秘

设观众的生日是 $x$ 月 $y$ 日。按照题意的要求,观众计算的结果就是:

$$5(20y+73)+x=100y+365+x$$

从右边得数里减去 365,剩下的得数是 $100y+x$。如果 $y$ 是一位数,$100y$ 就是得数的百位数;如果 $y$ 是两位数,$100y$ 就是得数的千位数和百位数;$x$ 就是得数的后两位数。所以,得数的后两位数就是观众生日的月份,前面一位或两位数就是观众生日的日期。

## 微妙的关系

将红桃 A 到红桃 K 这 13 张牌按照相邻顺序排好,A 到 Q 正面向上,A 到 Q 是从上到下的顺序。观众从其他牌中抽出一张放在牌堆下面,且背面向上,最后放置 K,K 也背面向上,放最下面。然后让观众上下洗牌,不能从中间抽,直至洗到任意红桃牌为止。停止洗牌后,魔术师立即说出观众从其他牌中抽出的一张牌在从上数的第几张。

### 魔术揭秘

直至洗到任意红桃牌为止,而观众抽到的牌和红桃 K 都是背面向上,不合要求,所以不会停到观众抽到的牌和红桃 K,只能停到 A 到 Q 中的某张上。设停止洗牌后最上面的红桃牌的点数是 $x$,则有 $x-1$ 张红桃牌放在了红桃 K 的下面。牌的总数是 14 张,那么 $x$ 到红桃 Q 的张数是:

$$Q-(x-1)=Q+1-x$$

下一张必是观众从其他牌中抽出的一张牌,那么 $x$ 到这张牌的张数是:

$$Q+1-x+1=12+1-x+1=14-x$$

所以,用 14 减去红桃牌的点数,从上面数出这个得数张牌,就是观众抽到的牌。注意红桃 K 如果正面朝上,洗牌正好停在红桃 K 上,计算就会出现错误,所以红桃 K 必须背面朝上。

# 掩人耳目

魔术师将红桃 A 至 K 这 13 张牌挑出来，也将大王挑出来，将 14 张牌随意洗牌几次，摆成圆形。

魔术师让观众在上图的红桃牌中随意想一张牌 X，其点数为 $x$，然后让观众从大王这张牌开始默念，把大王这张牌默念为 $x$ 的点数，沿逆时针方向继续默念下去，直到默念到 20 为止，这张牌称为终止牌。当观众将终止牌的点数告诉魔术师后，魔术师立即说出观众想的那张牌的点数是什么。

## 魔术揭秘

设观众想的那张牌 X 的点数是 $x$，则终止牌的位置在大王后边的第 $20-x+1=21-x$ 张，设从大王开始的序号为 $n$，则

$$n=21-x$$

考虑到圆的周期是 14，则也有

$$n=21-14-x=7-x$$

反过来就是：

$$x=21-n$$

或

$$x=7-n$$

若 $n\leqslant 6$,则

$$x=7-n$$

若 $n>6$,则

$$x=21-n$$

例如:观众想的一张牌为上图红桃 7,则终止牌是红桃 10,从大王开始数,红桃 10 的序号 $n$ 为

$$n=14$$

显然 $n>6$,则

$$x=21-n=21-14=7$$

则观众想的一张牌必为上图红桃 7。

例如:观众想的一张牌为上图红桃 K,则终止牌是红桃 3,从大王开始数,红桃 3 的序号 $n$ 为

$$n=8$$

显然 $n>6$,则

$$x=21-n=21-8=13$$

则观众想的一张牌必为上图红桃 K。

例如:观众想的一张牌为上图红桃 A,则终止牌是红桃 Q,从大王开始数,红桃 Q 的序号 $n$ 为

$$n=6$$

显然 $n\leqslant 6$,则

$$x=7-n=7-6=1$$

则观众想的一张牌必为上图红桃 A。

# 第五章 乘法的课堂魔术

## 卡片自报

写着数字 1 ~9 的九张卡片，观众任意挑选三张，按魔术师的要求做运算并把最后的结果告诉魔术师，魔术师总能猜出观众挑选了哪三张卡片。

第一张卡片数乘以 10 加上第二张卡片数的和再乘以 10，最后再加上第三张卡片数，把所得结果告诉魔术师，魔术师就可知道观众挑选了哪三张卡片。

**魔术揭秘**

设第一张卡片上的数为 $a$，第二张卡片上的数为 $b$，第三张卡片上的数为 $c$，计算结果为 $s$，则有

$$10(10a+b)+c=s$$

$$100a+10b+c=s$$

$$abc=s$$

计算结果的百位数就是第一张卡片上的数，计算结果的十位数就是第二张卡片上的数，计算结果的个位数就是第三张卡片上的数。

例如：观众在写着 1 ~9 的九张卡片中挑选出三张，按魔术师的要求做运算，告诉魔术师最后的结果是 258，魔术师就能猜出观众挑选的三张卡片为写着 2、5、8 的三张。

## 数字九重叠

对数字 1 ~9，每一个人喜欢的数字各不相同，如有的人喜欢 1，名字中含一字，如德一、亦一、天一等；有的人认为 6 意味着大顺而喜欢 6；有的人认为 7 谐音“妻”，是幸运数，对 7 有所偏爱；也有的人喜欢 9，所以名字中含九字，如九韶、九章、九公等。

无论你喜欢几，魔术师都可以让 9 个几连续一字排开，形成九重叠。

$$12\ 345\ 679\times1\times9=111\ 111\ 111$$

$$12\ 345\ 679\times2\times9=222\ 222\ 222$$

$$12\ 345\ 679\times3\times9=333\ 333\ 333$$

$$12\ 345\ 679\times4\times9=444\ 444\ 444$$

$$12\ 345\ 679\times5\times9=555\ 555\ 555$$
$$12\ 345\ 679\times6\times9=666\ 666\ 666$$
$$12\ 345\ 679\times7\times9=777\ 777\ 777$$
$$12\ 345\ 679\times8\times9=888\ 888\ 888$$
$$12\ 345\ 679\times9\times9=999\ 999\ 999$$

## 十个数的和

魔术师对观众说："你随便挑两个自然数，然后把两数相加，得出第三个数，再将第二个数与第三个数相加，得出第四个数，这样依次类推，直到第十个数为止。然后把十个数相加，看谁算得又快又准。"

"今天是12月10日，我就用12和10来试一试。"

观众说完在魔术师递过来的纸板上写好了算式：

$$12+10+22+32+54+86+140+226+366+592$$

"数写好了，怎么算？"观众问魔术师。

魔术师对观众说："很简单，就是把这十个数加起来，看谁能在最短的时间内算出准确的答案。"

"好，开始。"观众说完就和魔术师算了起来。

"得数是1 540。"魔术师很快就算出了得数。

"啊！这么快？"观众惊奇地说。

在场的观众们用计算器算了一遍，果然是1 540。

另一位观众不服气，按要求写下了算式：

$$9+10+19+29+48+77+125+202+327+529$$

"1 375。"还是魔术师先算出了得数。

第三位观众按魔术师的要求写下算式：

$$12+9+21+30+51+81+132+213+345+558$$

"1 452。"魔术师很快就算出了得数。

经大家一算准确无误。

### 魔术揭秘

我们用 $a$、$b$ 表示前两个数。第一个数是 $a$，第二个数是 $b$，第三个数是 $a+b$，第四个数是 $a+2b$，第五个数是 $2a+3b$，第六个数是 $3a+5b$，第七个数是 $5a+8b$，第八个数是 $8a+13b$，第九个数是 $13a+21b$，第十个数是 $21a+34b$，则十个数的和为：

$$\begin{aligned}&a+b+(a+b)+(a+2b)+(2a+3b)+(3a+5b)+(5a+8b)\\&+(8a+13b)+(13a+21b)+(21a+34b)\\=&55a+88b\end{aligned}$$

第七个数是 $5a+8b$，十个数的和是 $55a+88b$，正好是第七个数的 11 倍。

例如：假如观众一开始填入方格的数是 7 和 3，那么前十个方格里的数应该是：

| | | | | | | | | | |
|---|---|---|---|---|---|---|---|---|---|
| 7 | 3 | 10 | 13 | 23 | 36 | 59 | 95 | 154 | 249 |

$$7+3+10+13+23+36+59+95+154+249=649$$

而第七个数 59 的 11 倍为：

$$59\times11=649$$

也就是说，只要把第七个数乘以 11 就是这十个数的总和。

## 日历卡的“圈套”

观众在日历卡上用笔画出任意九个数组成的方块，只要观众告诉魔术师方块最中间的数字，魔术师立刻可以报出这九个数的和。

注意，日历卡是按星期排列的，一行只有七个数。

### 魔术揭秘

设第一行第一个数为 $a$，第二个数为 $a+1$，第三个数为 $a+2$；则第二行第一个数为 $a+7$，第二个数为 $a+8$，第三个数为 $a+9$；第三行第一个数为 $a+14$，第二个数为 $a+15$，第三个数为 $a+16$。

九个数和为：

$$\begin{aligned}s&=a+(a+1)+(a+2)+(a+7)+(a+8)+(a+9)+(a+14)+(a+15)+(a+16)\\&=9a+72\\&=9(a+8)\end{aligned}$$

最中间的数为 $a+8$，则总和是最中间的数的 9 倍，所以最中间的数乘以 9，就得到九个数的和。

## 火眼金睛

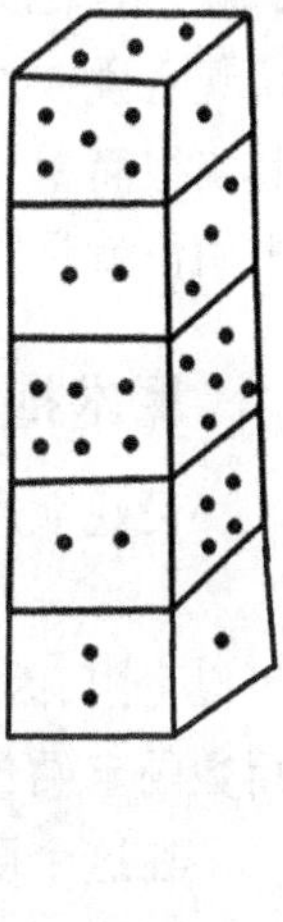

魔术师要求一个观众把 5 个骰子从下往上叠。

魔术师背对着骰子，观众说：“叠好了。”魔术师转回身面对观众。魔术师看一眼叠好的骰子，很快在黑板上写一个数，并用纸盖住，不让观众看。魔术师说：“猜猜看，骰子所有看不见的点数之和是多少？用什么办法能知道这个和到底是多少呢？”

观众翻开骰子，数完看不见的点数之和为 32，魔术师说：“验证奇迹的时候到了。”魔术师揭开纸，黑板上的数字也是 32。魔术师有特异功能吗？

### 魔术揭秘

我们发现骰子六个面上的 6 个点数分布是有规律的，1 点的对面是 6 点，2 点的对面是 5 点，3 点的对面是 4 点，相对面的数之和都是 7。所以魔术师只要看最上面的点数，就可以知道所有看不见的点数之和是多少，它与相对面的点数和是 7，最上面的点数是几，减几就得最顶上一个骰子被遮住一面的点数，即就可以算出对面的点数，其他每一个看不见点数的两个面的点数和都是 7，因而也就知道总的点数和了。

5 个骰子，5 组上下的相对面，它们的和是 $5\times7=35$，去掉最上面看到的点数 3，那就是 32。$n$ 个骰子，有 $n$ 组上下的相对面，设顶面的点数为 $a$，

$$1\leqslant a\leqslant6$$

则有看不见的点数之和为 $7n-a$。

我们把问题变一下，有 5 个相同的骰子放成一排，如下图：

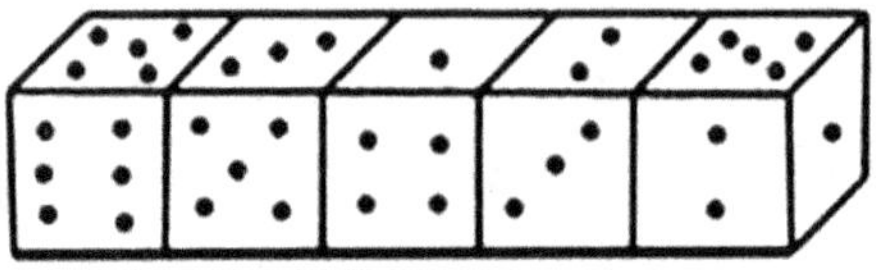

5 个骰子底面的点数之和是多少？

解决此类问题可用对面点数之和为 7，上面点数和是 16，上下面的点数之和是

$$5\times7=35$$

则底面的点数和就是

$$35-16=19$$

## 暗度陈仓

魔术师请观众在心里想好一个 1～99 之间的自然数，先将这个数乘以 167，然后加上 2 500，再乘以 3，把最后的结果告诉魔术师，魔术师可以猜到观众心里想的数是多少。一位观众说："结果是 7 056。"魔术师说："你想的数是 56。"你知道魔术师是如何推断的吗？其实很简单，魔术师把观众计算的结果 7 056 的末位两位数 56 拿出来即可，这个得数的末两位就是观众所想的数。其中的数学道理是什么呢？

### 魔术揭秘

设观众想的数为 $x$，按要求计算的算式为

$$(167x+2\ 500)\times3=501x+7\ 500=(500x+7\ 500)+x$$

可以看出，因为这个算式中小括号里的和的末两位均为零，而 $x$ 又是一位或两位数，所以得数的末两位就是观众所想的数。

在这个魔术中我们可以发现，2 500 只是个无关大局的数，可以换成其他诸如 1 500，

3 500,5 500 等末两位均是零的数,不影响最后的结果判断。在这里还可以看出要规定这个数在 1 ~99 之间的道理。这是为了准确无误地从结果的末两位判断而准备的前提,至于为何不直接乘以 501,而要分成 167 和 3 两次去乘,这完全是为了搅乱视线,故意设置障碍而已。

## 奇妙的方阵

我们用 3,4,5,6 乘以 7,8,9,2 得到一个 4×4 表格,如下所示。

| × | 7 | 8 | 9 | 2 |
|---|---|---|---|---|
| 3 | 21 | 24 | 27 | 6 |
| 4 | 28 | 32 | 36 | 8 |
| 5 | 35 | 40 | 45 | 10 |
| 6 | 42 | 48 | 54 | 12 |

即

| | | | |
|---|---|---|---|
| 21 | 24 | 27 | 6 |
| 28 | 32 | 36 | 8 |
| 35 | 40 | 45 | 10 |
| 42 | 48 | 54 | 12 |

我们提前在一张纸条上写上数 362 880,收起来。让观众每次从这 16 个数中任意选一个数,把这个数的上下左右的数都划去,然后再选一个数,按同样的方法操作,一共选 4 个数。

比如说我们选择了 28,24,54,10,显然这 4 个数互不同行、互不同列,让这 4 个数相乘,则乘积为:

$$28\times24\times54\times10=362\ 880$$

这时我们拿出纸条,二者完全一样。

### 魔术揭秘

其实:

$$2\times3\times4\times5\times6\times7\times8\times9=362\ 880$$

乘法有结合律,

$$(4\times7)\times(3\times8)\times(6\times9)\times(2\times5)=362\ 880$$

即

$$28\times24\times54\times10=362\ 880$$

# 算得快

魔术师让观众想一个非100的三位数(100除外),把此数乘以27,再乘以37,只要把得数告诉魔术师,魔术师就知道这个数是多少。例如:想的数是145,那么有,

$$145\times27\times37=144\ 855$$

观众只要告诉魔术师乘积是144 855,魔术师就会告诉观众,观众原来想的数是145。魔术师怎么算这么快?其实不是算的,而是结果中告诉的,就是把乘积的前三位的数加上1,就是观众心中想的数,即:

$$144+1=145$$

又如:观众想的数是789,那么有,

$$789\times27\times37=788\ 211$$

把乘积的前三位的数加上1,

$$788+1=789$$

但这个方法对100不成立,

$$100\times27\times37=99\ 900$$

把乘积的前三位的数加上1,

$$999+1=1\ 000$$

而不是100。

## 魔术揭秘

设三位数是 $abc$,设

$$1\ 000-abc=def$$

则

$$\begin{aligned}&27\times37\times abc\\&=999abc\\&=(1\ 000-1)abc\\&=1\ 000abc-abc\\&=1\ 000ab(c-1)+(1\ 000-abc)\\&=1\ 000ab(c-1)+def\\&=ab(c-1)def\end{aligned}$$

从

$$27\times37\times abc=ab(c-1)def$$

可看出一般情形下乘积是六位数,但当 $abc=100$ 时,乘积变成五位数,所以此算法对100不成立。

我们还可以从另一个角度得出原始数,就是看结果 $ab(c-1)def$ 的后三位 $def$,它满足

$$def = 1\ 000 - abc$$

则

$$abc = 1\ 000 - def$$

所以用1 000减去最后计算结果的后三位,也能得到原始的三位数。

例如:有一个三位数乘以27,再乘以37后,积的后三位数是346,那么原始三位数是:

$$1\ 000 - 346 = 654$$

其实

$$654 \times 27 \times 37 = 653\ 346$$

例如:有一个三位数乘以27,再乘以37后,积的后三位数是900,那么原始三位数是:

$$1\ 000 - 900 = 100$$

其实

$$100 \times 27 \times 37 = 99\ 900$$

这说明后一种方法对100也有效。

## 一叶知秋

魔术师请观众心里想好一个两位数,再请观众将自己想的两位数乘以167,然后加上2 500,请观众把最后得数报出来,魔术师根据观众报的得数就知道观众心里想的是哪一个两位数。

例如:观众心里想的是59,他按规定计算出:

$$59 \times 167 + 2\ 500 = 12\ 353$$

魔术师根据得数很快会报出这个观众心里想的数。

### 魔术揭秘

设这个数为$x$,结果为$y$,据题意得,

$$167x + 2\ 500 = y$$

$$167\ x = y - 2\ 500$$

$$x = \frac{y - 2\ 500}{167}$$

如果把这个得数$y$告诉魔术师,魔术师只需用$y$减去2 500的差除以167,就知道这个数$x$是多少。

这个方法不算错,但慢了点,谈不上是魔术。

其实,我们用$y$的后两位数就可以计算了。如用12 353中的53乘以3的得数的后两位数即是答案。

$$53 \times 3 = 159$$

则此数为59。2 500不影响后两位数。

设两位数是 $ab$，结果为 $y$，据题意得

$$167\times ab+2\ 500=y$$

两边同乘以 3 得

$$501\times ab+7\ 500=3\times y$$

设 $y$ 为 $cdef$，则

$$500\times ab+ab+7\ 500=3\times cdef=300\times cd+3\times ef$$

等式两边个位、十位的数都相等，则

$$ab=3\times ef$$

的后两位数。

## 一斑窥豹

魔术师让观众在计算器上输入一个观众喜欢的三位数，然后叫观众把这个数乘以 91。让观众把结果的前面部分用手挡住，只露出结果的末三位给魔术师看。魔术师便能立即说出观众一开始输入的那个三位数。例如，观众选择了 516，则计算器上会显示

$$516\times 91=46\ 956$$

只看到 956 三个数字，魔术师便能很快说出原数 516。

### 魔术揭秘

做法很简单：只需要把 956 再乘以 11，结果的最后三位就变回原数了。

$$956\times 11=10\ 516$$

末三位正好是 516，而乘以 11 是可以心算的，只要错位相加就可以了。

$$91\times 11=1\ 001$$

而任意一个三位数乘以 1 001 后末三位都不会变。观众把原数乘以 91，魔术师再把结果的末三位乘以 11，相当于他们合作把原数乘以 1 001，末三位数自然就和原来的数一样了。

## 管中窥豹

魔术师请一位观众到台上秘密地在纸上写一个两位数，观众写好后将纸片折叠起来放在桌上，不让魔术师看到。然后魔术师发给观众一个计算器，请观众将自己写的两位数乘以 167，再加上 2 500，然后把结果告诉魔术师。观众刚刚报出答案，魔术师就立刻猜出了观众原来写下的两位数，魔术师请观众将纸片打开验证，证明自己没有猜错。

### 魔术揭秘

设原来写下的两位数是 $ab$，结果为 $x$，则

$$167\times ab+2\ 500=x$$

$$(167\times ab+2\ 500)\times 3=3\times x$$

$$ab+500\times ab+7\ 500=3\times x$$

$$ab=3x-500\times ab-7\ 500$$

$ab$ 是 $3x-500ab-7\ 500$ 十位和个位组成的数，即 $3x$ 的十位和个位组成的数。也就是说，将 $x$ 的十位和个位乘以 3 的积的十位和个位就是 $ab$。

下面我们用例子验证一下，假设观众写的数字是 94，那么

$$167\times 94+2\ 500=18\ 198$$

$$98\times 3=294$$

294 的十位和个位是 94，故原两位数就是 94。

假设另一位观众写的数字是 62，那么

$$167\times 62+2\ 500=12\ 854$$

$$54\times 3=162$$

162 的十位和个位是 62，故原两位数就是 62。

## 见微知著

魔术师对观众说："你心中想一个 100 以下的整数，你把这个数乘以 67 的积的后两位数告诉我，我就知道这个数是几。"观众就想了一个数，并默默地进行了计算，然后说："积的后两位数是 23。"魔术师答道："太简单了，是 69。"

其实这个魔术蕴含的道理并不简单。

### 魔术揭秘

设这个数为 $x$，它是整数，注意

$$67\times 3\times x=201x$$

而

$$201x=200x+x$$

我们不关心 $200x$，它超出了 100，所以只剩 $x$。$67x$ 第三位以上的数字与 $200x$ 有关，与 $x$ 无关，$67x$ 的末两位数字与 $x$ 有关，只要我们取 $67x$ 的末两位数字就可以保证乘以 3 后，得到的数末两位必是 $x$。

$$23\times 3=69$$

所以一个数乘以 67 的积的末两位数是 23，则这个数必是 69。

类似的游戏很多，不一一详解，我们仅列出来。

设观众心里所想的三位数是 $abc$，三位数乘以 667 的结果是：

$$abc\times 667=y$$

我们在等式两边同时乘以 3 得：

$$abc\times3\times667=3y$$

$$2\ 001abc=3y$$

$$2\ 000abc+abc=3y$$

所以 $3y$ 的末三位数就是观众心里所想的三位数 $abc$。观众说出 $y$,我们将 $y$ 乘以 3 所得的数的末三位数就是观众心里所想的三位数 $abc$。

但我们知道 $abc\times667$ 的末三位数,其实 $abc\times667$ 末三位数以前的数不影响 $abc\times667$ 与 3 的积的末三位数。

例如:一个三位数与 667 的积的末三位数是 856,问这个三位数是多少?

$$856\times3=2\ 568$$

则这个三位数是 568。

设观众心里所想的四位数是 $abcd$,四位数乘以 8 889 的结果是:

$$abcd\times8\ 889=y$$

我们在等式两边同时乘以 9 得:

$$abcd\times9\times8\ 889=9y$$

$$80\ 001abcd=9y$$

$$80\ 000abcd+abcd=9y$$

所以 $9y$ 的末四位数就是观众心里所想的四位数 $abcd$。观众说出 $y$,我们将 $y$ 乘以 9 所得的数的末四位数就是观众心里所想的四位数 $abcd$。

例如:一个三位数与 8 889 的积的末四位数是 8 952,问这个三位数是多少?

$$8\ 952\times9=80\ 568$$

这个数是 568。

设观众心里所想的五位数是 $abcde$,五位数乘以 88 889 的结果是:

$$abcde\times88\ 889=y$$

我们在等式两边同时乘以 9 得:

$$abcde\times9\times88\ 889=9\times y$$

$$800\ 001abcde=9\times y$$

$$800\ 000\times abcde+abcde=9\times y$$

所以 $9y$ 的末五位数就是观众心里所想的五位数 $abcde$。观众说出 $y$,我们将 $y$ 乘以 9 所得的数的末五位数就是观众心里所想的五位数 $abcde$。

例如:一个五位数与 88 889 的积的末五位数是 88 626,问这个数是多少?

$$88\ 626\times9=797\ 634$$

这个数是 97 634。

设观众心里所想的六位数是 $abcdef$,六位数乘以 888 889 的结果是:

$$abcdef\times888\ 889=y$$

我们在等式两边同时乘以 9 得:

$$abcdef\times9\times888\ 889=9\times y$$

$$8\ 000\ 001\times abcdef=9\times y$$

$$8\ 000\ 000 \times abcdef + abcdef = 9 \times y$$

所以 $9y$ 的末六位数就是观众心里所想的六位数 $abcdef$。观众说出 $y$，我们将 $y$ 乘以 9 所得的数的末六位数就是观众心里所想的六位数 $abcdef$。

设观众心里所想的四位数是 $abcd$，四位数乘以 7 143 的结果是：

$$abcd \times 7\ 143 = y$$

我们在等式两边同时乘以 7 得：

$$abcd \times 7 \times 7\ 143 = 7 \times y$$

$$50\ 001 \times abcd = 7 \times y$$

$$50\ 000 \times abcd + abcd = 7 \times y$$

所以 $7y$ 的末四位数就是观众心里所想的四位数 $abcd$。观众说出 $y$，我们将 $y$ 乘以 7 所得的数的末四位数就是观众心里所想的四位数 $abcd$。

设观众心里所想的五位数是 $abcde$，五位数乘以 57 143 的结果是：

$$abcde \times 57\ 143 = y$$

我们在等式两边同时乘以 7 得：

$$abcde \times 7 \times 57\ 143 = 7 \times y$$

$$400\ 001 \times abcde = 7 \times y$$

$$400\ 000 \times abcde + abcde = 7 \times y$$

所以 $7y$ 的末五位数就是观众心里所想的五位数 $abcde$。观众说出 $y$，我们将 $y$ 乘以 7 所得的数的末五位数就是观众心里所想的五位数 $abcde$。

设观众心里所想的六位数是 $abcdef$，六位数乘以 857 143 的结果是：

$$abcdef \times 857\ 143 = y$$

我们在等式两边同时乘以 7 得：

$$abcdef \times 7 \times 857\ 143 = 7 \times y$$

$$6\ 000\ 001 \times abcdef = 7 \times y$$

$$6\ 000\ 000 \times abcdef + abcdef = 7 \times y$$

所以 $7y$ 的末六位数就是观众心里所想的六位数 $abcdef$。观众说出 $y$，我们将 $y$ 乘以 7 所得的数的末六位数就是观众心里所想的六位数 $abcdef$。

设观众心里所想的四位数是 $abcd$，四位数乘以 44 445 的结果是：

$$abcd \times 44\ 445 = y$$

我们在等式两边同时乘以 18 得：

$$abcd \times 18 \times 44\ 445 = 18 \times y$$

$$800\ 010 \times abcd = 18 \times y$$

$$800\ 000 \times abcd + 10 \times abcd = 18 \times y$$

所以 $18y$ 的末五位数就是观众心里所想的四位数 $abcd$ 的 10 倍。观众说出 $y$，我们将 $y$ 乘以 18 所得的数的末五位数就是观众心里所想的四位数 $abcd$ 的 10 倍。

设观众心里所想的五位数是 $abcde$，五位数乘以 4 444 445 的结果是：

$$abcde \times 4\ 444\ 445 = y$$

我们在等式两边同时乘以 18 得：

$$abcde\times18\times4\ 444\ 445=18\times y$$

$$80\ 000\ 010\times abcde=18\times y$$

$$80\ 000\ 000\times abcde+10\times abcde=18\times y$$

所以 $18y$ 的末六位数就是观众心里所想的五位数 $abcde$ 的 10 倍。观众说出 $y$，我们将 $y$ 乘以 18 所得的数的末六位数就是观众心里所想的五位数 $abcde$ 的 10 倍。

设观众心里所想的六位数是 $abcdef$，六位数乘以 4 444 445 的结果是：

$$abcdef\times4\ 444\ 445=y$$

我们在等式两边同时乘以 18 得：

$$abcdef\times18\times4\ 444\ 445=18\times y$$

$$80\ 000\ 010\times abcdef=18\times y$$

$$80\ 000\ 000\times abcdef+10\times abcdef=18\times y$$

所以 $18y$ 的末七位数就是观众心里所想的六位数 $abcdef$ 的 10 倍。观众说出 $y$，我们将 $y$ 乘以 18 所得的数的末七位数就是观众心里所想的六位数 $abcdef$ 的 10 倍。

设观众心里所想的四位数是 $abcd$，四位数乘以 33 334 的结果是：

$$abcd\times33\ 334=y$$

我们在等式两边同时乘以 3 得：

$$abcd\times3\times33\ 334=3\times y$$

$$100\ 002\times abcd=3\times y$$

$$100\ 000\times abcd+2\times abcd=3\times y$$

所以 $3y$ 的末四位数的一半就是观众心里所想的四位数 $abcd$。观众说出 $y$，我们将 $y$ 乘以 3 所得的数的末四位数的一半就是观众心里所想的四位数 $abcd$。

设观众心里所想的五位数是 $abcde$，五位数乘以 333 334 的结果是：

$$abcde\times333\ 334=y$$

我们在等式两边同时乘以 3 得：

$$abcde\times3\times333\ 334=3\times y$$

$$1\ 000\ 002\times abcde=3\times y$$

$$1\ 000\ 000\times abcde+2\times abcde=3\times y$$

所以 $3y$ 的末五位数的一半就是观众心里所想的五位数 $abcde$。观众说出 $y$，我们将 $y$ 乘以 3 所得的数的末五位数的一半就是观众心里所想的五位数 $abcde$。

设观众心里所想的六位数是 $abcdef$，六位数乘以 3 333 334 的结果是：

$$abcdef\times3\ 333\ 334=y$$

我们在等式两边同时乘以 3 得：

$$abcdef\times3\times3\ 333\ 334=3\times y$$

$$10\ 000\ 002\times abcdef=3\times y$$

$$10\ 000\ 000\times abcdef+2\times abcdef=3\times y$$

所以 $3y$ 的末六位数的一半就是观众心里所想的六位数 $abcdef$。观众说出 $y$，我们将 $y$ 乘以 3 所得的数的末六位数的一半就是观众心里所想的六位数 $abcdef$。

设观众心里所想的四位数是 $abcd$，四位数乘以 580 101 的结果是：

$$abcd\times580\ 101=y$$

设它的末四位是 $efgh$，末四位与 580 000 无关，只与 101 有关，所以 $abcd\times101$ 的末四位是 $efgh$，但

$$\begin{aligned}abcd\times101&=abcd00+abcd\\&=ab\times10\ 000+(c+a)\times1\ 000+(d+b)\times100+10\times c+d\end{aligned}$$

末四位是 $(c+a)\times1\ 000+(d+b)\times100+10\times c+d$，则有

$$(c+a)\times1\ 000+(d+b)\times100+10\times c+d=efgh$$

对比得：

$$g=c$$
$$h=d$$
$$f=b+d$$
$$e=c+a$$

解得

$$a=e-c=e-g$$
$$b=f-d=f-h$$
$$c=g$$
$$d=h$$

## “猜乘数”魔术

魔术师对观众说：“请大家随便想一个由相同的不为 0 的数字组成的两位数，然后把这个两位数乘以 99，就得到了一个四位数。把这个四位数的第三位数告诉我，我就能知道你是用哪个两位数乘以的 99。”

观众说：“第三位数字是 6。”

魔术师说：“四位数是 3 267，乘以 99 的两位数是 33。”

你一定会感觉到惊奇：魔术师完全不知道观众想的是什么数，他怎么能由其中一个数字推想到这个四位数呢？

### 魔术揭秘

魔术师让观众想的数实际上都是 11 的倍数的两位数，如 11，22，33，…，99。不妨设为 $11n$（其中 $n$ 是从 1 到 9 之间的自然数，包括 1 和 9），则

$$
\begin{aligned}
&11n\times 99\\
&=11n\times(100-1)\\
&=1\ 100n-11n\\
&=1\ 000n+100n-11n\\
&=1\ 000n+100(n-1)+100-11n\\
&=1\ 000n+100(n-1)+90-10n+10-n\\
&=1\ 000n+100(n-1)+10(9-n)+(10-n)
\end{aligned}
$$

因为 $n$ 是从 1 到 9 之间的自然数，所以数 $n-1$、$9-n$、$10-n$ 也都是从 1 到 9 之间的自然数。

又因为 $11n\times 99$ 的结果是一个四位数，所以这个四位数的千位、百位、十位和个位上的数字分别是：$n$，$n-1$，$9-n$，$10-n$。

因

$$n+(9-n)=9$$

$$(n-1)+(10-n)=9$$

即积的第一位数字与第三位数字的和等于 9，第二位数字与第四位数字的和也等于 9。

$$n-(n-1)=1$$

$$(10-n)-(9-n)=1$$

即积的第二位数字总比第一位数字小 1，第三位数字比第四位数字也小 1。

如果将 11×99，22×99，33×99，…，99×99 的结果列表如下，可以更清楚地看到这点。

| 乘项 | 11×99 | 22×99 | 33×99 | 44×99 | 55×99 |
|---|---|---|---|---|---|
| 积 | 1 089 | 2 178 | 3 267 | 4 356 | 5 445 |
| 乘项 | 66×99 | 77×99 | 88×99 | 99×99 | |
| 积 | 6 534 | 7 623 | 8 712 | 9 801 | |

据此，在 $n(n-1)(9-n)(10-n)$ 中，观众的第三位数字是 6，即

$$9-n=6$$

$$n=3$$

则

$$n(n-1)(9-n)(10-n)=3\ 267$$

$$3\ 267\div 99=33$$

所乘的数自然是 33 了。

## 猜硬币

魔术师拿着一把硬币，高高地举起说："每次咱们都是写数、猜数，这次咱们变个花样！"没等他话音落地，观众便急切地问道："换什么花样？快说！"

“这么着吧，”魔术师说，“我给你10枚硬币，任你把它分成怎样的两组，我都能猜到每组是几个。”观众倍觉新奇，忙接过硬币，背着魔术师悄悄地将10枚硬币分成5和5两组，便说：“分好啦，你猜吧！”

“别忙！”魔术师说，“我还要知道点信息呢！请把其中一组乘以7，另一组乘以5，再将两个积相加，把加得的结果告诉我。”

一位观众很快悄悄地算好了：

$$5\times7=35$$
$$5\times5=25$$
$$25+35=60$$

便说：“两个积相加得60。”

只见魔术师略一思索，便说：“两组都是5。”果然猜中了！

另一位观众计算出和是54。

魔术师又很快猜出：“一组是2，另一组是8。”

当观众又报出：“和是66。”

魔术师又很快猜出：“一组是8，另一组是2。”

总之，这10枚硬币，不论怎么分，都被魔术师准确地猜出了。

请想一想，这是为什么？

### 魔术揭秘

假设观众分成的两组数，一组是$x$枚，另一组便是$(10-x)$枚了。按照要求可列成：

$$x\times7+(10-x)\times5=2x+50$$

这样，只要将观众告知的结果减去50后，再除以2，便求出其中的一组，另一组便迎刃而解了。

如观众告知积的和是64，魔术师便算出了：

$(64-50)\div2=7$（枚）………………一组数

$10-7=3$（枚）……………………另一组数

## 节日之夜的火炬灯

节日的夜晚，八一广场上灯火辉煌，李明和他的同学们高兴地在广场上欣赏着迷人的夜景。忽然，李明神秘地眨了眨眼睛，对同学们说：“你们都闭上眼睛，听我出一道算术题给你们算一算，看谁先算出来。”他接着说：“这广场上有很多明亮的火炬灯，我刚才数了数。如果七个一组去数，还余二个；九个一组去数，还余四个；五个一组去数，那么正好数完。灯数不超过150个，你们知道共有多少火炬灯吗？”

### 魔术揭秘

我们要寻找3个数，第一个数的要求是：这个数除以5余1，但除以7和9无余数；第二个数的要求是：这个数除以7余1，但除以5和9无余数；第三个数的要求是：这个数除以9余1，但除以5和7无余数。第一个数显然是7和9的倍数，第二个数显然是5和9的倍数，第三个数显然是5和7的倍数。经过试算，第一个数是126，第二个数是225，第三个数是280。

注意

$$5\times7\times9=315$$

则周期是315，数超过315，余数就会重复出现，所以由5，7，9的余数计算被除数的公式为：

被除数=用5除的余数×126+用7除的余数×225+用9除的余数×280−315$n$

其中$n$要满足被除数在要求的范围内。

在本魔术中，

$$\begin{aligned}被除数&=0\times126+2\times225+4\times280-315n\\&=0+450+1\ 120-315n\\&=1\ 570-315n\end{aligned}$$

但要求数字在315内，唯有$n=4$。则

$$\begin{aligned}被除数&=1\ 570-315n\\&=1\ 570-315\times4\\&=310\end{aligned}$$

所以火炬数是310。

## 有多少本书

学校图书馆新到了一批少年知识丛书，图书管理员张老师在认真地点着数字，估计不到200本。他先是两本两本地数，最后多出一本；他把这一本拿开，重新五本五本地数，又多出一本；他又把这一本拿开，重新七本七本地数，仍多出一本；他又把这一本拿开，重新九本九本地数，还是多出一本。想想看，这批书最少有多少本？

### 魔术揭秘

我们设这个数是$x$，两本两本地数，最后多出一本，说明$x$是奇数。他把这一本拿开，重新五本五本地数，又多出一本，说明$x-1$除以5余1，则$x$除以5余2。他又把这一本拿开，重新七本七本地数，仍多出一本，说明$x-2$除以7余1，则 除以7余3。他又把这一本拿开，重新九本九本地数，还是多出一本，说明$x-3$除以9余1，则$x$除以9余4。

根据上个魔术，我们知道：

被除数=用5除的余数×126+用7除的余数×225+用9除的余数×280−315$n$

则

被除数=用5除的余数×126+用7除的余数×225+用9除的余数×280−315$n$

$$=2\times126+3\times225+4\times280-315n$$
$$=2\ 047-315n$$

又知书不到 200 本,则

$$2\ 047-315n<200$$
$$n=6$$

那么

$$被除数=2\ 047-315n$$
$$=2\ 047-315\times6$$
$$=157$$

157 也正好是奇数,所以有 157 本新书。

我们不必考虑用 2 除的余数,它仅提供了被除数的奇偶性,如果我们算的结果奇偶性不符合,可以通过增加或减少 5,7,9 的最小公倍数 315 来满足奇偶性的要求。

## 如来佛的手心

魔术师将一副牌交给观众,观众取出 $s$ 张牌,$s>10$,规定花牌和大小王表示 10 张牌,其他牌点的牌只表示 1 张牌。

观众用 $s$ 张牌的部分牌根据规定来代表 $s$ 张牌,即花牌和大小王代替部分牌,那么将 $s$ 张牌中没有利用的牌交给魔术师,魔术师用手掂了掂,说这里还有多少牌。观众数了数,一点不差。

### 魔术揭秘

有如下几种情形:

1. 用了 1 张花牌和 $s-10$ 张其他牌点的牌,共用 $(s-10)+1$ 张牌,剩余
$$s-(s-10)-1=9$$
2. 用了 2 张花牌和 $s-20$ 张其他牌点的牌,共用 $(s-20)+2$ 张牌,剩余
$$s-(s-20)-2=18$$
3. 用了 3 张花牌和 $s-30$ 张其他牌点的牌,共用 $(s-30)+3$ 张牌,剩余
$$s-(s-30)-3=27$$
4. 用了 4 张花牌和 $s-40$ 张其他牌点的牌,共用 $(s-40)+4$ 张牌,剩余
$$s-(s-40)-4=36$$
5. 用了 5 张花牌和 $s-50$ 张其他牌点的牌,共用 $(s-50)+5$ 张牌,剩余
$$s-(s-50)-5=45$$

可见,剩余牌的张数一定是 9 的倍数,所以掂牌时,可估计牌张数的大致范围,在这个范围内的 9 的倍数就是剩余牌的张数。

# 第六章 除法的课堂魔术

## 商中奥秘

观众说出一个百位上的数字是7、个位上的数字是3的三位数,然后把个位和百位上的数字对调组成一个新的三位数,再用这两个数中的大数减去小数之后除以9,最后魔术师总知道结果是44。

### 魔术揭秘

设三位数的中间数为$a$,则大数为$7a3$,小数为$3a7$,用这两个数中的大数减去小数,得:

$$\begin{aligned}&7a3-3a7\\&=700+10a+3-300-10a-7\\&=400-4\\&=396\\&396\div9=44\end{aligned}$$

## 抓“数字特务”魔术

观众随意选一个首尾不同的三位数,将其首尾调换得到一个新数,再将这两个数相减,在得到的数中任意插入一位数字并把结果告诉魔术师,魔术师总能找到这个混进来的“数字特务”。

### 魔术揭秘

设三位数为$abc$,$a\neq c$,假定首尾调换得到一个新数为$cba$,若$c=0$,$c$不被写出,$cba$则退化为两位数$ba$,且

$$abc>cba$$

则

$$
\begin{aligned}
&abc-cba\\
&=100(a-c)+(c-a)\\
&=99(a-c)\\
&=9\times 11(a-c)
\end{aligned}
$$

这个数可被 9 和 11 除，当得数中任意插入一个数字后，得到的新数各位数字相加，其和被 9 除，余数就是混进来的“数字特务”。若无余数，则混进来的“数字特务”就是 0 或 9。

看新数中有无 0 和 9，有哪个，哪个就是混进来的特务。若两个都有，我们从新数去掉其一，看少一位数可否被 11 整除，若不能整除，则说明这个数不是混进来的特务，若能整除，则说明这个数就是混进来的特务。

## 被除数

魔术师要观众任意写一个三位数，然后在它的后面重复写一遍，就得到一个六位数（如 327 327）。将这个六位数先除以 7，再除以 11，最后除以 13。我们发现一个奇怪的现象，答案仍然是原来的数。

例如：

$$327\ 327\div 7=46\ 761$$
$$46\ 761\div 11=4\ 251$$
$$4\ 251\div 13=327$$

### 魔术揭秘

设三位数是 $abc$，$a\neq 0$，重复之后为 $abcabc$。

$$abcabc\div abc=1\ 001$$
$$1\ 001=7\times 11\times 13$$

所以，如此操作后必为原数。

## 三位数的数字之和

魔术师让观众想出任意一个不含零、不含相同数字的三位数，但不要告诉魔术师。魔术师再让观众从这个三位数中用每两个数字组成一个两位数，这样总共可以得到六个两位数，然后把这六个两位数相加，所得的和数告诉魔术师。魔术师立即说出这三位数各个位上的数字之和。

魔术师在心中把这个和数除以 2，再除以 11，所得到的数一定是这位观众原先所想的三位数的数字之和。

你一定会觉得这个魔术挺好玩，也很容易做。但是请千万记住，不但要知其然，更重要的是要开动脑筋，知其所以然。

例如：观众想的数是324，3，2，4这三个数字所组成的六个两位数的和是：

$$32+34+23+43+24+42=198$$

$$198\div2=99$$

$$99\div11=9$$

$$9=3+2+4$$

**魔术揭秘**

设三位数是 $abc$，$a\neq0$，

$$abc=100a+10b+c$$

六个两位数分别为：$ab$，$ac$，$bc$，$ba$，$cb$，$ca$。注意：

$$ab=10a+b$$

$$ac=10a+c$$

$$bc=10b+c$$

$$ba=10b+a$$

$$ca=10c+a$$

$$cb=10c+b$$

则六个数的和为：

$$\begin{aligned}&ab+ac+bc+ba+ca+cb\\&=(10a+b)+(10a+c)+(10b+c)+(10b+a)+(10c+a)+(10c+b)\\&=20(a+b+c)+2(a+b+c)\\&=22(a+b+c)\\&=2\times11\times(a+b+c)\end{aligned}$$

所以六个两位数的和除以2，再除以11后的商是三位数的数字之和就不奇怪了。

## 快速寻牌

魔术师拿出一副扑克，只要你说出花色和不超过10的点数，魔术师就能说出这张牌在从上数第几张。一副扑克牌去掉J、Q、K和两张大王，剩余的40张排成四行。第一行是黑桃A～10，第二行是方块10，A，2，…，9，第三行是红桃9，10，A，2，3，…，8，第四行是梅花8，9，10，A，2，…，7。

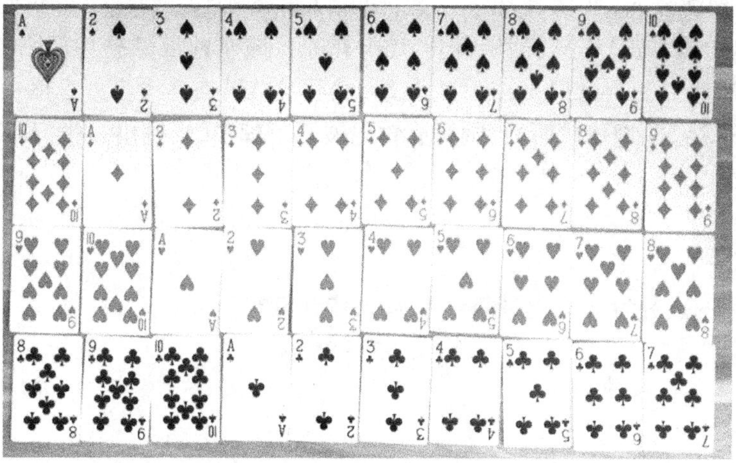

按从上到下一列一列收牌,则收起后的顺序为:

1 对应黑桃 A,2 对应方块 10,3 对应红桃 9,4 对应梅花 8,5 对应黑桃 2,6 对应方块 A,7 对应红桃 10,8 对应梅花 9,9 对应黑桃 3,10 对应方块 2,11 对应红桃 A,12 对应梅花 10,13 对应黑桃 4,14 对应方块 3,15 对应红桃 2,16 对应梅花 A,17 对应黑桃 5,18 对应方块 4,19 对应红桃 3,20 对应梅花 2,21 对应黑桃 6,22 对应方块 5,23 对应红桃 4,24 对应梅花 3,25 对应黑桃 7,26 对应方块 6,27 对应红桃 5,28 对应梅花 4,29 对应黑桃 8,30 对应方块 7,31 对应红桃 6,32 对应梅花 5,33 对应黑桃 9,34 对应方块 8,35 对应红桃 7,36 对应梅花 6,37 对应黑桃 10,38 对应方块 9,39 对应红桃 8,40 对应梅花 7。

收起牌后:

黑桃的位置为 1,5,9,13,17,21,25,29,33,37。

方块的位置为 2,6,10,14,18,22,26,30,34,38。

红桃的位置为 3,7,11,15,19,23,27,31,35,39。

梅花的位置为 4,8,12,16,20,24,28,32,36,40。

可见黑桃位置的序号除以 4 都余 1、方块位置的序号除以 4 都余 2、红桃位置的序号除以 4 都余 3、梅花位置的序号除以 4 都余 0。我们可以据此判断某个序号位置上牌的花色。

黑桃的位置的序号除以 4 的商:0,1,2,3,4,5,6,7,8,9。

方块的位置的序号除以 4 的商:0,1,2,3,4,5,6,7,8,9。

红桃的位置的序号除以 4 的商:0,1,2,3,4,5,6,7,8,9。

梅花的位置的序号除以 4 的商:1,2,3,4,5,6,7,8,9,10。

某张牌的序号数除以 4,商加 1 为牌的点数,但梅花除外。梅花的点数是商本身。

## 你算我取

"在 A ~ K 13 张牌中任意默记一张。"魔术师说话间将牌交给了观众,"我说算式,你们计算。然后,我便能从这副牌中,将你们默记的那张牌取出来。"大家便取出一张 6 默记在心，然后把牌插入，又认真洗了几遍，交给了魔术师说：“快取吧，我们记的是哪一张？”“咱们这个魔术叫‘你算我取’，你们还没算呢！”魔术师说，“把你们刚才记的那张牌的点数乘以2，加上3，再乘以5，最后减去25，然后将结果告诉我。”大家很快算出了结果：$(6\times2+3)\times5-25=50$，魔术师听后，胸有成竹地展开了牌，从中挑出一张，高高举起。众人一看，果然是6！

### 魔术揭秘

设这张牌的点数为 $x$，最终计算结果为 $y$，依题意有：

$$5(2x+3)-25=y$$

解得

$$x=\frac{y}{10}+1$$

若取 $y$ 为50，则 $x$ 为6。

## 奇妙的整除

魔术师让观众写一个三位数，观众小张先在纸上写了一个三位数612，魔术师在该数的右边添上054，这个数就成了612 054，这个六位数能被37整除。观众又写了一个数714，魔术师在它的左边添上285，得到一个六位数285 714，观众一试，也能被37整除。观众又写了一个两位数21，魔术师在它的右边添了一个0012，成了210 012，真有意思，竟都能被37整除。

我们知道，

$$37\times3=111$$

所以

$$aaa=a\times111=3a\times37$$

即三个相同的数构成的三位数一定能被37整除。

### 魔术揭秘

若六位数 $bcdefg$ 满足

$$bcd+efg=aaa$$

则

$$\begin{aligned}bcdefg&=(aaa-efg)\times1\,000+efg\\&=1\,000aaa-1\,000efg+efg\\&=1\,000aaa-999efg\\&=1\,000aaa-27\times37efg\\&=1\,000\times37\times3a-27\times37efg\end{aligned}$$

$$=37\times(3\,000a-27efg)$$

即 $bcdefg$ 也能被 37 整除。

设观众给的三位数 $bcd$,$b$,$c$,$d$ 中至少有一个最大数,记为 $a$,令

$$efg=aaa-bcd$$

若百位数是 0,也得保留,这样求得的 $efg$ 构成 $bcdefg$,必能被 37 整除。

若观众给出的是两位数 $bc$,$b$,$c$ 中至少有一个最大数,记为 $a$,令

$$efg=aaa-10bc$$

这样求得的 $efg$ 构成 $bc0efg$,注意千位上的数是 0,必能被 37 整除。

## 瓮中捉鳖

魔术师请一位观众上台配合表演,从一副扑克牌中随意拿出一部分牌交给观众,观众将牌随意分成几堆,各堆扑克牌张数随意。若某堆扑克牌张数是两位数,则将个位数与十位数相加,用其和代表这堆的特征数;若某堆扑克牌张数是一位数,则这堆扑克牌张数就是其特征数。把各堆的特征数相加,其和为 $s$。观众将各堆扑克牌收集成一叠,随意洗牌,然后记住从上到下数到的第 $s$ 张牌,包括其点数与花色,不让魔术师看见,放回牌中原处,把牌交给魔术师。

魔术师把牌自左至右按堆发牌,每堆 9 张,最后一堆不一定是 9 张,可能少于 9 张,然后魔术师问观众他记住的那张牌在哪堆。观众回答后,魔术师从这堆中挑出了那张牌,观众很惊奇。

### 魔术揭秘

设观众将牌分成了 $n$ 堆,第 $i$ 堆的张数为:

$$a_ib_i=10a_i+b_i$$

则这堆的特征数为 $a_i+b_i$,

$$s=(a_1+b_1)+(a_2+b_2)+\cdots+(a_i+b_i)+\cdots+(a_n+b_n)$$

但是各堆的扑克牌张数为

$$\begin{aligned}p&=a_1b_1+a_2b_2+\cdots+a_nb_n\\&=(10a_1+b_1)+(10a_2+b_2)+\cdots+(10a_n+b_n)\\&=[9a_1+(a_1+b_1)]+[9a_2+(a_2+b_2)]+\cdots+[9a_n+(a_n+b_n)]\\&=9\times(a_1+a_2+\cdots+a_n)+[(a_1+b_1)+(a_2+b_2)+\cdots+(a_n+b_n)]\\&=9\times(a_1+a_2+\cdots+a_n)+s\end{aligned}$$

则

$$\frac{p}{9}\text{的余数}=\frac{s}{9}\text{的余数}$$

而$\frac{p}{9}$的余数就是按每堆9张发牌的最后一堆的扑克牌张数，从而我们知道了$\frac{s}{9}$的余数。所以，只要观众告诉魔术师他所记的那张牌所在的堆，一定是这堆的第$\frac{p}{9}$的余数张。数牌的顺序与发牌的顺序必须一致。

例如：魔术师从一副扑克牌中随意拿出43张牌交给观众，观众将其分成13，24，6三堆。

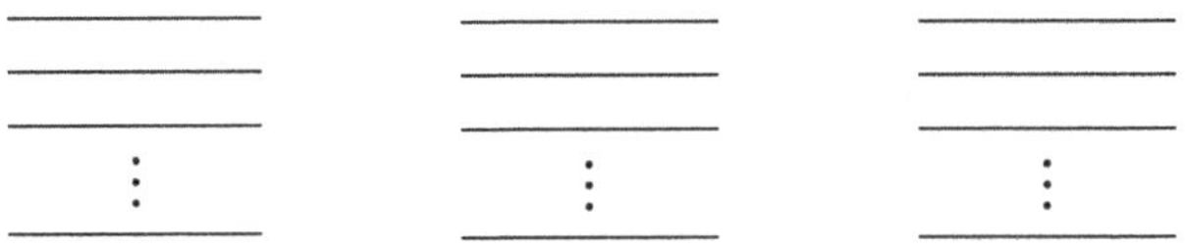

13张　　24张　　6张

$$13\text{ 的特征数}=1+3=4$$
$$24\text{ 的特征数}=2+4=6$$
$$6\text{ 的特征数}=0+6=6$$
$$s=4+6+6=16$$
$$\frac{16}{9}=1\cdots\cdots7$$

则第$s$张牌一定在某堆的第7张，但魔术师并不知$s$等于几，所以魔术师不能从这里知道第$s$张牌是某堆的第七张。

但

$$43\div9=4\cdots\cdots7$$

即最后一堆必定是7张牌，观众说出在哪堆后，第七张必是观众记住的那张牌（仅对这个固定分法成立）。

不同分法可类似求出。

# 第七章 加减混合运算的课堂魔术

## 信封里有乾坤

魔术师在小纸条上写数 10 890，10 989，9 999，把它装进信封里，然后请一位观众在纸上面任意写个四位数，要求这个数的个位与千位上数字都不为零，并且差大于 1，写好后，请观众把数字全部颠倒，用较大的数减去较小的数。在所得的结果中，再把数字颠倒，把得到的四位数与前边两个四位数的差相加，得到一个和，这个和就是魔术师早已写好、装在信封里的那三个数 10 890，10 989，9 999 之一。

### 魔术揭秘

设四位数为 $abcd$，且 $|a-d|\geqslant 2$，千位与个位交换、百位与十位交换后为 $dcba$，用较大的数减去较小的数，不妨设 $a>d+1$，设这个差的四位数是 $efgh$，则

$$abcd-dcba=efgh$$

1. 设 $b>c$，注意 $a>d$，则个位必须借位才能相减，则

$$10+d-a=h$$

因十位数分别是 $c$ 和 $b$，被借走 1 后，$b>c$，有

$$10+c-1-b=g$$

因百位数分别是 $b$ 和 $c$，$c<b$，有

$$b-1-c=f$$

千位上是

$$a-d=e$$

但前边有

$$10+d-a=h$$

则

$$\begin{aligned} efgh &= 1\,000(a-d)+100(b-1-c)+10(10+c-1-b)+(10+d-a) \\ &= 999a-999d+90b-90c \\ &= 999(a-d)+90(b-c) \end{aligned}$$

则 $efgh$ 数字颠倒后为 $hgfe$，

$$\begin{aligned} hgfe &= 1\,000(10+d-a)+100(10+c-1-b)+10(b-1-c)+(a-d) \\ &= 10\,000+999d-999a+1\,000+90c-90b-110 \end{aligned}$$

$$=10\,890-999(a-d)-90(b-c)$$

则

$$efgh+hgfe=10\,890$$

2. 设 $b=c$，则

$$abcd=abbd$$

由

$$abbd-dbba=efgh$$

注意 $a>d$，则个位必须借位才能相减，则

$$10+d-a=h$$

$$g=9$$

$$f=9$$

$$a-1-d=e$$

则

$$\begin{aligned}hgfe&=1\,000(10+d-a)+100\times9+10\times9+(a-1-d)\\&=999d-999a+10\,000+990-1\\&=999(d-a)+10\,989\end{aligned}$$

$$\begin{aligned}efgh&=1\,000(a-1-d)+100\times9+10\times9+(10+d-a)\\&=999a-999d-1\,000+900+90+10\\&=999(a-d)\end{aligned}$$

$$\begin{aligned}efgh+hgfe&=999(a-d)+999(d-a)+10\,989\\&=10\,989\end{aligned}$$

3. 设 $b<c$，由

$$abcd-dcba=efgh$$

和 $a>d$，知

$$10+d-a=h$$

$$c-b-1=g$$

$$10+b-c=f$$

$$a-1-d=e$$

$$\begin{aligned}hgfe&=1\,000(10+d-a)+100(c-b-1)+10(10+b-c)+(a-1-d)\\&=10\,000+999d-999a+90c-90b-1\\&=9\,999+999(d-a)+90(c-b)\end{aligned}$$

则

$$\begin{aligned}efgh&=1\,000(a-1-d)+100(10+b-c)+10(c-b-1)+(10+d-a)\\&=999a-999d+90b-90c\\&=999(a-d)+90(b-c)\end{aligned}$$

$$\begin{aligned} efgh+hgfe &= 999(a-d)+90(b-c)+9\,999+999(d-a)+90(c-b) \\ &= 9\,999 \end{aligned}$$

## 纸条上有乾坤

魔术师在小纸条上写数1 089，把它装进信封里，然后请一位观众在纸上面任意写一个三位数，要求这个数的个位与百位上数字不同，都不为零，并且差大于1，写好后，请观众把两端的数字交换位置，用较大的数减去较小的数。在所得的结果中，再把两端的数字交换位置，把得到的三位数与前边两个三位数的差相加，得到一个和，这个和就是早已写好、装在信封里的那个数1 089。

### 魔术揭秘

设三位数为 $abc$，且 $|a-c|\geqslant 2$，百位与个位交换后为 $cba$，用较大的数减去较小的数，不妨设 $a>c+1$，则

$$\begin{aligned} & abc-cba \\ &= 100a+10b+c-100c-10b-a \\ &= 100(a-c)+(c-a) \\ &= 100(a-c)-(a-c) \\ &= 99(a-c) \end{aligned}$$

设这个差值是 $def$，则首尾交换后为 $fed$，注意 $a>c$，$c$ 必须借位才能减去 $a$，则

$$10+c-a=f$$

因十位数都是 $b$，被借走1后，差1，所以也得借位，有

$$[10+(b-1)]-b=9$$

所以 $fed$ 的 $e=9$。百位上是 $a-1-c$，但前边有

$$10+c-a=f$$

则

$$a-c=10-f$$

则

$$a-c-1=10-f-1=9-f$$

通过

$$abc-cba=def$$

与

$$a-c-1=10-f-1=9-f$$

对比知

$$d=9-f$$

则 $def$ 为

$$def=(9-f)\times100+9\times10+f$$

反过来

$$fed=100f+9\times10+(9-f)$$

则

$$\begin{aligned}&def+fed\\&=[(9-f)\times100+9\times10+f]+[100f+9\times10+(9-f)]\\&=101(9-f)+180+101f\\&=909+180\\&=1\ 089\end{aligned}$$

若

$$a=c+1$$

则

$$\begin{aligned}&abc-cba\\&=100a+10b+c-100c-10b-a\\&=100(a-c)+(c-a)\\&=100(a-c)-(a-c)\\&=99(a-c)\\&=99\end{aligned}$$

则是两位数，

$$99+99=198$$

所以在

$$a-c>1$$

的条件下，魔术才能进行下去。

## 四阶方阵

魔术师让观众随便说一个数，魔术师就能写出一个 4×4 的方阵，使多个 4 个数的和等于观众说的数，比如，观众说 34。魔术师写出下列方阵。

| | | | |
|---|---|---|---|
| 1 | 8 | 13 | 12 |
| 14 | 11 | 2 | 7 |
| 4 | 5 | 16 | 9 |
| 15 | 10 | 3 | 6 |

显然四个角的小方阵

| | |
|---|---|
| 1 | 8 |
| 14 | 11 |

4 个数和为 34。

| | |
|---|---|
| 16 | 9 |
| 3 | 6 |

4 个数和为 34。

| | |
|---|---|
| 14 | 11 |
| 4 | 5 |

4 个数和为 34。

| | |
|---|---|
| 2 | 7 |
| 16 | 9 |

4 个数和为 34。
四个列的形式：

| | | | |
|---|---|---|---|
| 1 | 8 | 13 | 12 |

4 个数和为 34。

| | | | |
|---|---|---|---|
| 14 | 11 | 2 | 7 |

4 个数和为 34。

| | | | |
|---|---|---|---|
| 4 | 5 | 16 | 9 |

4 个数和为 34。

| | | | |
|---|---|---|---|
| 15 | 10 | 3 | 6 |

4 个数和为 34。

四个行的形式：

| |
|---|
| 1 |
| 14 |
| 4 |
| 15 |

4 个数和为 34。

| |
|---|
| 8 |
| 11 |
| 5 |
| 10 |

4 个数和为 34。

| |
|---|
| 13 |
| 2 |
| 16 |
| 3 |

4 个数和为 34。

| |
|---|
| 12 |
| 7 |
| 9 |
| 6 |

4 个数和为 34。

两个对角线

| | | | |
|---|---|---|---|
| 1 | | | |
| | 11 | | |
| | | 16 | |
| | | | 6 |

4 个数和为 34。

| | | | |
|---|---|---|---|
| | | | 12 |
| | | 2 | |
| | 5 | | |
| 15 | | | |

4 个数和为 34。

四个角

| | | | |
|---|---|---|---|
| 1 | | | 12 |
| | | | |
| | | | |
| 15 | | | 6 |

4 个数和为 34。

中心

| | | | |
|---|---|---|---|
| | | | |
| | 11 | 2 | |
| | 5 | 16 | |
| | | | |

4 个数和为 34。

**魔术揭秘**

实际上,你也能成为这样的魔术师,窍门在于,魔术师有一个预先的计算框架,计算框架如下。

| | | | |
|---|---|---|---|
| 1 | 8 | 13 | $A-22$ |
| 14 | $A-23$ | 2 | 7 |
| $A-30$ | 5 | 16 | 9 |
| 15 | 10 | $A-31$ | 6 |

只要观众说出一个数,把观众说出的数代入 $A$ 中,就得到想要的方阵。

类似的方阵还有:

| | | | |
|---|---|---|---|
| 8 | 11 | $A-20$ | 1 |
| $A-21$ | 2 | 7 | 12 |
| 3 | $A-18$ | 9 | 6 |
| 10 | 5 | 4 | $A-19$ |

## 条条道路通北京

魔术师对观众说:"你随便想一个个位数字不是0,首尾两个数字不小于1且差比1大的五位数,然后按照给出的方法进行计算,不论你想的数是什么,我都知道最后计算的结果是多少,你信不信?"

观众:"你先把计算结果写在纸上。"魔术师在纸上写了个数字。

观众:"我想的五位数字不能告诉你,但可以让其他人看。"(旁边的人看到是18 705)

魔术师:"你把这个数字的首尾两个数字对调,再用新数和原数中较大的一个减去较小的一个。"

观众:"我用计算器算一算。"(58 701-18 705=39 996)

魔术师:"将差的首尾两个数字对调,再求新数(69 993)与差(39 996)的和。"

观众:"算好了。"

魔术师:"你打开纸条看一看,结果是不是这个数?"

观众:"是(109 989)。"

**魔术揭秘**

我们设这个五位数是

$$abcde=10\ 000a+1\ 000b+100c+10d+e$$

首尾交换后五位数是

$$ebcda=10\,000e+1\,000b+100c+10d+a$$

不妨设 $a>e+1$,二者的差为

$$\begin{aligned}abcde-ebcda&=(10\,000a+1\,000b+100c+10d+e)-(10\,000e+1\,000b+100c+10d+a)\\&=10\,000(a-e)+(e-a)\end{aligned}$$

由于

$$a>e+1$$

则 $e-a$ 是负数,也就是说 $abcde-ebcda$ 的个位数是 $10+e-a$,即向上位借 1,但 $10\,000(a-e)$ 的千位数、百位数、十位数都是 0,它们都得向上位借 1。这样,万位被借 1 后变成 $a-e-1$,千位、百位、十位上都是 9,则

$$\begin{aligned}差&=10\,000(a-e-1)+9\,000+900+90+(10+e-a)\\&=10\,000(a-e-1)+9\,990+(10+e-a)\end{aligned}$$

差的首尾两个数字对调后的新数为

$$新数=10\,000(10+e-a)+9\,990+(a-e-1)$$

则差与新数的和为

$$\begin{aligned}差+新数&=[10\,000(a-e-1)+9\,990+(10+e-a)]+[10\,000(10+e-a)+9\,990+(a-e-1)]\\&=10\,000(a-e-1+10+e-a)+9\,990\times2+(10+e-a+a-e-1)\\&=10\,000\times9+9\,990\times2+9\\&=109\,989\end{aligned}$$

## 142 扑克牌魔术

魔术师拿着一副有 52 张牌的扑克牌给观众表演一个关于扑克牌的魔术。

只见魔术师先请了四位观众上台,他神秘地要求四位观众每个人在心里想一个两位数,分别是十几、二十几、三十几、四十几。接着,魔术师让他们用扑克牌来表示自己选的那个两位数。例如 21:十位上的 2 就用 2 张牌来表示,个位上的 1 就用 1 张牌来表示。四位观众不知道魔术师葫芦里卖的是什么药,非常好奇,很快就按照要求摆好了。再看台下的观众们,他们也是一脸茫然。这时,魔术师让观众将剩余的牌交给他,并要求观众算出所选的四个两位数之和。

四位观众还在议论着,这时魔术师一转身,竟然说出了四个两位数的和。大家听了真是既惊讶又羡慕,魔术师真是神算子啊!

魔术师趁着这四位观众在计算四个数的和的时候,将剩下的扑克牌给数了一下,然后用 142 减去剩下的扑克牌张数,就算出了和。为什么用 142 减去剩下的扑克牌张数就能求出和了呢?

### 魔术揭秘

假设四个两位数是 $10+a$,$20+b$,$30+c$,$40+d$,则四个两位数的和为:

$$10+a+20+b+30+c+40+d=100+(a+b+c+d)$$

而所用的扑克牌张数为

$$1+a+2+b+3+c+4+d=10+(a+b+c+d)$$

那么剩下的扑克牌张数为

$$52-(10+a+b+c+d)=42-(a+b+c+d)$$

因为四个两位数的和与剩下的扑克牌张数的和为

$$[100+(a+b+c+d)]+[42-(a+b+c+d)]=142$$

即四个两位数的和与剩下的扑克牌张数的和是 142，所以

四个两位数的和

$=[100+(a+b+c+d)]$

$=142-[42-(a+b+c+d)]$

$=142-$剩下的扑克牌张数

## 问师相马

魔术师从一副普通的扑克牌中任意取出 16 张牌，摆成 4×4 的方阵，横向为行，从上向下数，为第 1 行、第 2 行、第 3 行、第 4 行；竖向为列，自左向右数，为第 1 列、第 2 列、第 3 列、第 4 列。魔术师让一位观众记住一张牌点数与花色，并记住该牌的所在行的行数。

当观众说记住了，并告诉魔术师这张牌所在的行数之后，魔术师开始收牌，先从第 1 行第 1 列开始按列收牌，即先收第 1 列第 1 行的牌，再收第 1 列第 2 行的牌，放在先收牌的下面，依次下去，第 1 列收完后，再收第 2 列，逐列逐行按顺序收，先收的在上，然后上下洗牌，不能从中间抽、中间插。然后先摆第 1 行第 1 列的牌，再摆第 1 行第 2 列的牌，依

次下去,第1行摆完后,再摆第2行,逐行逐列按顺序摆,自左而右、自上而下逐行逐列摆牌,摆成新方阵。

魔术师问观众甲:"你记住的牌在新方阵的哪一行?"观众说出牌在新方阵的第几行。魔术师说出观众记住的牌。观众甲点头称对,几次表演后,观众回答也都点头称是。

在本次洗牌后,原来的第1行是现在第2列,原来的第2行是现在第3列,原来的第3行是现在第4列,原来的第4行是现在第1列(不同的洗牌,列的位置不同)。例如,牌在原方阵的第2行,说明现在在第3列,又由牌在新方阵的第4行,则3列4行处就是黑桃2。

### 魔术揭秘

洗牌不固定,我们必须记住一张牌的牌点和花色,一般记第1行第1列处的牌,把这张牌称为指示牌,魔术师观察指示牌的位置变化,假设变化后,指示牌在第 $n$ 列,从第1行到第 $n$ 列,增量为

$$k=n-1$$

那么,原方阵第2行就是新方阵中的第 $1+k=n$ 列,那么原方阵第 $m$ 行就是新方阵中的第 $m+k=m+n-1$ 列,若

$$m+n-1>4$$

则减去4,就知道了观众记住的牌列,观众又告诉了行,则列和行的交叉处的牌就是观众记住的牌。

我们看上边的例子,梅花A是指示牌,在新方阵中是第2列,则

$$n=2$$

$$k=2-1=1$$

观众告诉牌在原方阵的第 2 行，则

$$m=2$$

那么牌在新方阵的列数为：

$$m+n-1=2+2-1=3$$

并由观众告知牌在新方阵的第 4 行，第 4 行和第 3 列交叉处的牌是黑桃 2。

## 妙算猜牌

1. 魔术师将 54 张牌洗乱。

2. 魔术师将 54 张牌（正面朝上）一张一张地顺序数出 30 张，反面（正面朝下）放在桌上，在数 30 张牌时，牢记第 9 张牌的花色与点数。

3. 请观众从魔术师手中的 24 张牌中任取一张，若为 10，J，Q，K 之一，算为 10 点，并且正面朝上作为第 1 列放在一旁；若牌的点数 $a_1$ 小于 10（大小王的点数为 10），将这张牌正面朝上放在一旁，并且从手中任取 $10-a_1$ 张牌正面朝下，作为第 1 列放在这张牌下面；再请观众从手中的牌中任取一张，按上法组成第 2 列；最后再请观众从手中任取一张牌，按上法组成第 3 列，若手中的牌不够，从桌上已放好的 30 张中取出补足，但是必须从上到下取牌。

4. 将每列的第 1 张牌的点数 $a_1$，$a_2$，$a_3$ 加起来，得 $a=a_1+a_2+a_3$。

5. 魔术师从手中剩下的牌数起，数完后再从放在桌上的 30 张牌中的第 1 张开始接着数（如果手中无剩牌，则从桌上剩下的第 1 张牌数起），一直数到第 $a$ 张牌，并准确地猜出这张牌的点数与花色（即开始数 30 张牌时记的第 9 张的点数与花色）。

### 魔术揭秘

24 张牌，抽掉 1 张 $a_1$，再抽掉 $10-a_1$ 张，抽掉 1 张 $a_2$，再抽掉 $10-a_2$ 张，抽掉 1 张 $a_3$，再抽掉 $10-a_3$ 张，还剩：

$$\begin{aligned}&24-1-(10-a_1)-1-(10-a_2)-1-(10-a_3)\\&=24-3-30+(a_1+a_2+a_3)\\&=-9+(a_1+a_2+a_3)\end{aligned}$$

把这些牌放在 30 张牌上，共有

$$30-9+(a_1+a_2+a_3)=21+(a_1+a_2+a_3)$$

再从牌上开始抽掉 $a_1+a_2+a_3$ 张牌，剩 21 张牌，第 21 张牌就是 30 张牌的倒数第 9 张。

## 会说话的王牌

这个魔术的效果看起来令人吃惊，但背后的原理却非常简单。首先，在一副反面朝上的普通扑克牌里，两张王被正面朝上插到了中间。假设大王的位置是从上往下数第 $x$ 张，小王的位置是从上往下数第 $y$ 张，而魔术师一定要把 $x$ 和 $y$ 这两个数字记住。其中，$x$ 要保证处于整副牌的前 1/3（也就是大约前 18 张）以内，$y$ 要处于整副牌的 1/3 到 2/3 之间（也就是 19 到 36 张的中间）。例如，$x$ 可以是 10，$y$ 可以是 28。

然后魔术师要求第一位观众从牌里拿走大约 1/3 的牌（其中包含大王），并且把这 1/3 的牌的最底下那张展示给观众看，并让观众记住，但魔术师自己无法看到。再要求第二位观众从剩下的牌里拿走一半（也大概相当于整副牌的 1/3），同样把最底下的牌展示给观众看，并让观众记住。接着，魔术师把两个人拿的牌收回去，看过牌后，说出了两位观众记住的牌的位置，然后找出牌。

### 魔术揭秘

假设第一位观众最底下的牌是原来整叠牌里从上往下数的第 $m$ 张（也就是说第一个人拿走了 $m$ 张牌），而第二位观众拿走了 $n$ 张牌。魔术师在此安排了两张特务牌，就是第 $x$ 和 $y$ 张，如下图所示：

开始时

设大王放在第 $x$ 张，小王放在第 $y$ 张，且大王和小王的位置是事先安排好的，也就是说 $x$ 和 $y$ 是已知值。

这里的关键点是：收牌的时候一定要先放回第一个观众的牌，后放回第二个观众的牌。在收回的这叠牌里，两张王的位置分别变为了 $y-m$（小王）和 $n+x$（大王），而两位观众展示的牌分别在第 $n$ 张和第 $m+n$ 张。魔术师展开这叠牌，就可以看到两张王并数出 $y-m$ 和 $n+x$ 各是多少，而事先已经知道了 $x$ 和 $y$ 是多少，所以可以推测出两位观众各拿走了多少张牌（即 $m$ 和 $n$ 是多少）。

收回牌之后

第一个观众记住的牌是第 $m+n$ 张牌，第二个观众记住的牌是第 $n$ 张牌。

扑克牌不会说话，一切都是数学原理在“作祟”，简单的加减运算就能让扑克牌拥有“超能力”。

$x$ = 大王的原位置

$y$ = 小王的原位置

$y-m$ = 小王的新位置

$n+x$ = 大王的新位置

则

$$m = y - \text{小王的新位置}$$
$$= \text{小王的原位置} - \text{小王的新位置}$$
$$n = \text{大王的新位置} - x$$
$$= \text{大王的新位置} - \text{大王的原位置}$$
$$n+m = (\text{大王的新位置} - \text{大王的原位置}) + (\text{小王的原位置} - \text{小王的新位置})$$

例如：大王插在第 15 张，小王插在第 34 张，收牌后，小王的位置在第 15 张，大王在第 34 张，则

$$y-m=15$$
$$n+x=34$$

但

$$x=15$$
$$y=34$$

则

$$m=y-15=34-15=19$$
$$n=34-x=34-15=19$$
$$m+n=19+19=38$$

收牌后，第一个观众记住的牌在第 $m+n$ 张牌，第二个观众记住的牌在第 $n$ 张牌。

## 手称扑克

魔术师对观众说："别人称东西用秤，我用手就可以。"魔术师说完便拿出了一副扑克牌："你随便拿出一沓，我只要用手掂一掂，就知道它有多少张。"一位观众便拿过扑克牌，从中随意拿出一沓。大家悄悄地数了数张数，共 41 张，便交给了魔术师。观众催促道："快称称看有多少张！"

魔术师说："别忙，请把这沓扑克牌张数的十位数字与个位数字相加，从这沓扑克牌中再取出与得数相同的张数，我再称。"

观众悄悄地按照他的要求算了算，两个数字和为：

$$4+1=5$$

观众从这沓扑克牌中再取出十位数字与个位数字相加后得数为 5 的张数 $41-5=36$ 后，将剩余的牌交给了魔术师。

只见魔术师把扑克牌放在手上轻轻地掂了掂，立即说："这沓牌共 36 张。"

接着，又有几个观众连续按要求取了几次，每一次都被魔术师准确地称了出来，大家惊奇极了。

### 魔术揭秘

这个魔术的奥秘在哪里呢？设扑克牌张数为 $ab$，它各位的数字和为 $a+b$，$ab$ 减 $a+b$

得：

$$ab-(a+b)=10a+b-(a+b)=9a$$

原来任何一个自然数减去它各位的数字和，余下的数都是 9 的倍数。在一副扑克中，9 的倍数是 9，18，27，36，45，所以张数只能是 9，18，27，36，45 中之一。

魔术师看到牌的厚度，对牌的张数有大体估计，结合 9 的倍数，便很容易推测出手中牌的张数了。

## 数字的"诡计"

魔术师可以算出观众选择的两张牌。

1. 魔术师表演前将所有的 10，J，Q 和 K 都从整副牌中除去，A 只保留一张。

2. 邀请一位观众进行彻底洗牌。魔术师任意取其中一部分牌在手中呈扇形打开，让观众从中选取一张记住后放回到牌中。

3. 魔术师让观众将他所看到牌面的数字乘以 2 后加上 5，然后再乘以 5。

4. 魔术师让观众再任意选取一张牌，把这张牌的牌面数字加上刚才得出的数字后的值告诉他。

5. 魔术师用这个值减去 25 得出一个两位数，这个两位数的个位数字和十位数字分别就是观众选取的两张牌的牌面数字。

例如：观众选取的牌分别是 5 和 3。

$$5\times2+5=15$$
$$15\times5=75$$
$$75+3=78$$
$$78-25=53$$

即观众选择的就是 5 和 3。

### 魔术揭秘

设观众第一次选的数字是 $x$，第二次选的数字是 $y$，二者都小于 10，最后得到的数字是 $z$，$z$ 是已知的，则有

$$(2x+5)\times5+y=z$$
$$10x+25+y=z$$
$$10x+y=z-25$$

$x$ 是差值的十位数，$y$ 是差值的个位数。

## 二人配合数学扑克魔术

这是一个小魔术，由两位魔术师与一名观众一起表演。一副扑克去掉大小王，余 52

张,由观众随机抽5张给魔术师的助手,助手看完牌后选了1张牌扣在桌面上,并把另外4张牌按某种顺序排成一摞给观众,由观众按顺序将4张牌的花色和点数说给魔术师(蒙着眼睛)听。魔术师听过这4张牌后准确无误地说出了扣在桌面上那张牌是什么。当然,魔术师和助手在之前讨论过方案。另外,助手在整个过程中不能以任何其他方式将信息透露给魔术师。请问魔术师的策略是什么?

### 魔术揭秘

首先,可以肯定5张牌里至少有2张是相同的花色,而3张牌用不同的大小顺序能表示的有6个信息。

小、中、大表示:1

小、大、中表示:2

中、小、大表示:3

中、大、小表示:4

大、小、中表示:5

大、中、小表示:6

可以根据以上规则制定如下方案。

1. 助手选择两张花色相同的牌。

2. 如果这两张牌的点数之差小于等于6,则把这两张牌的点数较大者扣下(正面朝下)。如果两张牌的点数之差大于6,则把这两张牌的点数较小者扣下。

3. 剩余的3张牌因为点数的大小和花色不同,可以用大、中、小的不同顺序表示点数差。制定一个比较任意两张牌谁大谁小的“规则”,例如,在52张扑克牌中,黑桃的牌最大,其次是红桃的牌,然后是梅花、方块;同样花色的牌,K最大,A最小。这样,任意3张牌中,都会有一个“大牌”,一个“中等牌”和一个“小牌”。

如果扣下的那张牌是较大者 $y$,直接用1到6表示扣下那张牌与留下的那张牌 $x$ 的差 $s$,即

$$y-x=s$$

$s$ 的值是3张牌给出的点数差,即1到6中的某个值。

较小牌 $x$(已知)加上差 $s$ 就是较大牌的点数。

$$y=x+s$$

如果扣下的那张牌是较小牌 $x$,助手直接用较小牌加13,

$$x+13$$

此值减去较大牌的点数,得到点数差

$$x+13-y=s$$

由于

$$y-x>6$$

则

$$s<6$$

点数差可以用 1 到 6 表示。
则

$$x=y-13+s$$

将相同花色的牌事先定好位置，比如约定摆在 4 张牌的第 1 位。这样就能确定扣下这张牌的大小和花色。

问题是如何判断扣下的牌是大还是小？

针对这一问题，我们计算两种结果，看哪一种符合实际，取哪一种。

例如：5 张牌如下。

我们约定第 2 张牌表示花色，则扣下的牌是方块。后 3 张牌点数分布为中、大、小，则点数差是 4，就有两种可能：扣下的若是较大者，则点数为

$$3+4=7$$

即方块 7；扣下的若是较小者，则点数为

$$x=y-13+s=3-13+4$$

这是个负数，不可能，故一定是方块 7。

例如：5 张牌如下。

我们约定第 2 张牌表示花色，则扣下的牌是方块。后 3 张牌点数分布为小、中、大，则点数差是 1，就有两种可能：扣下的若是较大者，则点数为

$$3+1=4$$

即方块 4；扣下的若是较小者，则点数为

$$x=y-13+s=3-13+1$$

这是个负数，不可能，故一定是方块 4。

例如:5 张牌如下。

我们约定第 2 张牌表示花色,则扣下的牌是方块。后 3 张牌点数分布为小、中、大,则点数差是 1,就有两种可能:扣下的若是较大者,则点数为

$$2+1=3$$

即方块 3;扣下的若是较小者,则点数为

$$x=y-13+s=2-13+1$$

这是个负数,不可能,故一定是方块 3。

例如:5 张牌如下。

我们约定第 2 张牌表示花色,则扣下的牌是梅花。后 3 张牌点数分布为大、中、小,则点数差是 6,就有两种可能:扣下的若是较大者,则点数为

$$7+6=13$$

即梅花 K;扣下的若是较小者,则点数为

$$x=y-13+s=7-13+6=0$$

这是 0,不可能,故一定是梅花 K。

# 第八章 加乘混合运算的课堂魔术

## 妙猜四数

观众写三个不大于 60 的连续正整数，另外再写一个是 3 的倍数的两位数，并把这个数告诉魔术师。魔术师要求观众把四个数相加，再乘以 67。观众只要把结果的最后两个数字告诉魔术师，魔术师立刻能猜出那三个连续的正整数和最后的乘积。

### 魔术揭秘

设三个不大于 60 的连续正整数为 $a, a+1, a+2$，3 的倍数的两位数为 $3s$，因 $3s$ 是两位数，$3s \leqslant 99$，则 $s \leqslant 33$。依题意，有

$$\begin{aligned}&[a+(a+1)+(a+2)+3s]\times 67\\&=[3a+3+3s]\times 67\\&=3[a+1+s]\times 67\\&=201[a+1+s]\end{aligned}$$

我们知道

$$a+2 \leqslant 60$$

则

$$a \leqslant 58$$

$$s \leqslant 33$$

则

$$a+1+s<100$$

是一个两位数，则 $201[a+1+s]$ 的后两位数必是 $a+1+s$。把结果的最后两个数字告诉魔术师，就有 $a+1+s$ 为告诉魔术师结果的最后两个数字。

条件中“把这个数告诉魔术师”，说明 $s$ 是已知数，则

$$a=\text{结果的最后两个数字}-1-s$$

由 $201[a+1+s]$ 知最后的乘积。

## 巧猜水果

两位观众背对着魔术师，一位选择苹果，另一位选择橘子，选择苹果的观众拿写7的卡片，选择橘子的观众拿写9的卡片。魔术师让第一位观众将自己手中的数乘以3，另一位观众将自己手中的数乘以2，并报出和的计算结果，魔术师立即就知道谁选了苹果、谁选了橘子。

### 魔术揭秘

设计算结果为 $s$，若第一位观众拿苹果，则计算结果为：

$$s=7\times3+9\times2=39$$

若第一位观众拿橘子，则计算结果为：

$$s=9\times3+7\times2=41$$

魔术师可根据计算结果是39还是41来判断第一位观众拿的什么。

## 数字长龙

由11位观众背对着魔术师写数，第1位观众和第2位观众都写一个不为零的数，第3位观众将前面两位观众所写的数相加，写出它们的和，第4位观众亦然，一直到第11位观众。魔术师拿出一张纸，在纸上快速写出了答案，当观众算出答案时，魔术师出示刚才写好的数字，恰好与观众的答案一致。但速度要快得多，有什么诀窍吗？诀窍就是用第八个数字乘以11，其积再加上第一个数就是十一个数的和。

### 魔术揭秘

设第一个数是 $a$，第二个数是 $b$，第三个数是 $a+b$，第四个数是 $a+2b$，第五个数是 $2a+3b$，第六个数是 $3a+5b$，第七个数是 $5a+8b$，第八个数是 $8a+13b$，第九个数是 $13a+21b$，第十个数是 $21a+34b$，第十一个数是 $34a+55b$，则十一个数的和为：

$$a+b+(a+b)+(a+2b)+(2a+3b)+(3a+5b)+(5a+8b)+(8a+13b)+(13a+21b)+(21a+34b)+(34a+55b)$$
$$=89a+143b$$
$$=a+(88a+143b)$$
$$=a+11(8a+13b)$$

而 $8a+13b$ 正好是第八个数。

例如：观众一开始填入方格的数是4和6，那么前11个方格里的数应该是：

| | | | | | | | | | | |
|---|---|---|---|---|---|---|---|---|---|---|
| 4 | 6 | 10 | 16 | 26 | 42 | 68 | 110 | 178 | 288 | 466 |

$$4+6+10+16+26+42+68+110+178+288+466=1\ 214$$

而第八个数 110 的 11 倍加上第一个数 4 为：

$$110\times11+4$$
$$=1\ 210+4$$
$$=1\ 214$$

## 猜骰子的点数

观众任意抛一个骰子，暗暗记住其中两个面的点数。魔术师请观众把其中一面的点数乘以 5 加上 7，再乘以 2，接着加上另一面的点数并报出最后结果，则魔术师总能猜出这两面的点数。

### 魔术揭秘

设骰子一面的点数为 $a$，另一面的点数为 $b$，注意骰子最大点数为 6，最小点数为 1，则 $a$，$b$ 都是一位数。设计算结果为 $y$，依题意有：

$$2\times(5a+7)+b=y$$

即

$$10a+14+b=y$$

也就是

$$10a+b=y-14$$

则 $y-14$ 的个位数就是 $b$，十位数就是 $a$。

## 三位数的总和

魔术师对观众说："你任意想三个不是 0 的数字，用这三个数字可以写出许多不同的三位数，只要你说出这三个数字的和，在你还没有写出所有的三位数之前，我就已经知道了对应的所有三位数的总和。"

### 魔术揭秘

用三个不是 0 的数字 $a$，$b$，$c$ 来表示三个数字，这三个数字只能写出六个三位数，就是 $abc$，$acb$，$bac$，$bca$，$cab$，$cba$，注意：

$$abc=100a+10b+c$$
$$acb=100a+10c+b$$
$$bac=100b+10a+c$$
$$bca=100b+10c+a$$
$$cab=100c+10a+b$$
$$cba=100c+10b+a$$

则六个三位数的和为：

$abc+acb+bac+bca+cab+cba$

$=(100a+10b+c)+(100a+10c+b)+(100b+10a+c)+(100b+10c+a)+(100c+10a+b)+(100c+10b+a)$

$=222(a+b+c)$

所以用 222 乘以这三个数字之和就可以了。

## 三进数猜牌

魔术师先将 27 张牌按大小顺序从左到右排三张，接着对齐排下一行，再从左到右排三张，接着对齐排下一行……共排九行。我们用数码代替这 27 张牌。

| | | |
|---|---|---|
| 0 | 1 | 2 |
| 3 | 4 | 5 |
| 6 | 7 | 8 |
| 9 | 10 | 11 |
| 12 | 13 | 14 |
| 15 | 16 | 17 |
| 18 | 19 | 20 |
| 21 | 22 | 23 |
| 24 | 25 | 26 |

图(a)

让观众从中暗记一张牌，不要告诉别人，只告诉魔术师这张牌是在左列、中列、右列中的哪一列。

然后从左列起，从上而下收牌，再收中列，直至收完。将 27 张牌从左到右排三张，接着对齐排下一行，再从左到右排三张，接着对齐排下一行……共排九行。

| | | |
|---|---|---|
| 0 | 3 | 6 |
| 9 | 12 | 15 |
| 18 | 21 | 24 |
| 1 | 4 | 7 |
| 10 | 13 | 16 |
| 19 | 22 | 25 |
| 2 | 5 | 8 |
| 11 | 14 | 17 |
| 20 | 23 | 26 |

图(b)

排好后，让观众再次告诉魔术师他所记的这张牌是在左列、中列、右列中的哪一列。

然后再次从左列起，从上而下收牌，再收中列，直至收完。将 27 张牌从左到右排三张，接着对齐排下一行，再从左到右排三张，接着对齐排下一行……共排九行。

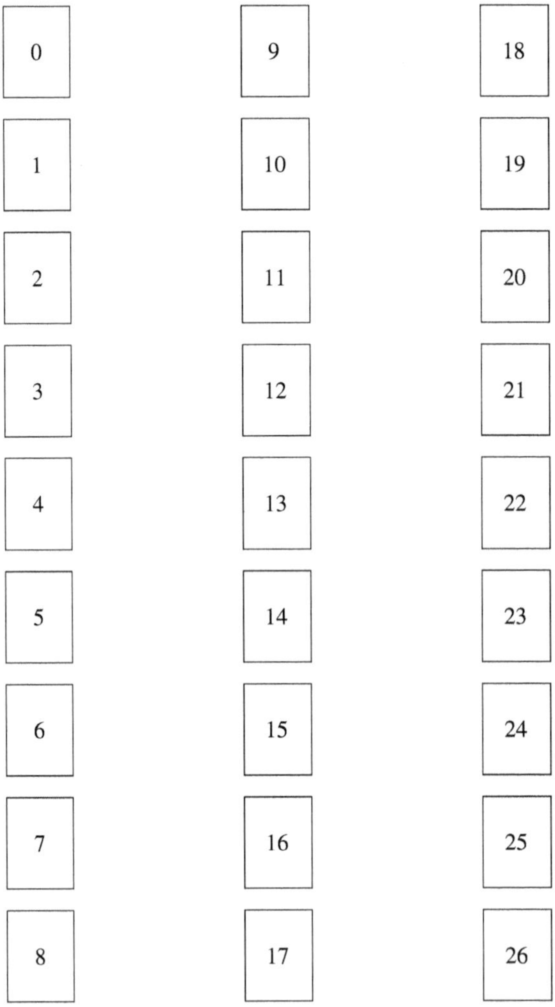


图(c)

我们将第一列记为0,第二列记为1,第三列记为2,得下表。

| 卡片数字 $y$ | 第一次位置 $x_1$ | 第二次位置 $x_2$ | 第三次位置 $x_3$ |
|---|---|---|---|
| 0 | 0 | 0 | 0 |
| 1 | 1 | 0 | 0 |
| 2 | 2 | 0 | 0 |
| 3 | 0 | 1 | 0 |
| 4 | 1 | 1 | 0 |
| 5 | 2 | 1 | 0 |
| 6 | 0 | 2 | 0 |

续表

| 卡片数字 $y$ | 第一次位置 $x_1$ | 第二次位置 $x_2$ | 第三次位置 $x_3$ |
|---|---|---|---|
| 7 | 1 | 2 | 0 |
| 8 | 2 | 2 | 0 |
| 9 | 0 | 0 | 1 |
| 10 | 1 | 0 | 1 |
| 11 | 2 | 0 | 1 |
| 12 | 0 | 1 | 1 |
| 13 | 1 | 1 | 1 |
| 14 | 2 | 1 | 1 |
| 15 | 0 | 2 | 1 |
| 16 | 1 | 2 | 1 |
| 17 | 2 | 2 | 1 |
| 18 | 0 | 0 | 2 |
| 19 | 1 | 0 | 2 |
| 20 | 2 | 0 | 2 |
| 21 | 0 | 1 | 2 |
| 22 | 1 | 1 | 2 |
| 23 | 2 | 1 | 2 |
| 24 | 0 | 2 | 2 |
| 25 | 1 | 2 | 2 |
| 26 | 2 | 2 | 2 |

我们设方程为：

$$y=ax_1+bx_2+cx_3$$

把数值代入，得方程组

$$\begin{pmatrix} 0 & 0 & 0 \\ 1 & 0 & 0 \\ 2 & 0 & 0 \\ 0 & 1 & 0 \\ 1 & 1 & 0 \\ 2 & 1 & 0 \\ 0 & 2 & 0 \\ 1 & 2 & 0 \\ 2 & 2 & 0 \\ 0 & 0 & 1 \\ 1 & 0 & 1 \\ \vdots & \vdots & \vdots \end{pmatrix} \begin{pmatrix} a \\ b \\ c \end{pmatrix} = \begin{pmatrix} 0 \\ 1 \\ 2 \\ 3 \\ 4 \\ 5 \\ 6 \\ 7 \\ 8 \\ 9 \\ 10 \\ \vdots \end{pmatrix}$$

第一个方程除外，取方程组中的其他任意三个方程，解得

$$a=1$$
$$b=3$$
$$c=9$$

则

$$y=x_1+3x_2+9x_3$$

我们可以不必了解这个解的获得过程，直接用模型：

$$y=x_1+3x_2+9x_3$$

例如：一位观众暗记的一张牌在三次摆排过程中，位置是第一次在第一列。

第二次在第三列。

第三次在第三列。

即0,2,2,则这张牌的位置是:

$$
\begin{aligned}
y &= x_1 + 3x_2 + 9x_3 \\
&= 0 + 3\times2 + 9\times2 \\
&= 24
\end{aligned}
$$

对应新牌阵的序号:

| | | |
|---|---|---|
| 0 | 9 | 18 |
| 1 | 10 | 19 |
| 2 | 11 | 20 |
| 3 | 12 | 21 |
| 4 | 13 | 22 |
| 5 | 14 | 23 |
| 6 | 15 | 24 |
| 7 | 16 | 25 |
| 8 | 17 | 26 |

则 24 的位置对应的是黑桃 7。

例如:朋友三次告知所认定的扑克牌依次在左、中、右,即位置是第一次在第一列。

第二次在第二列。

第三次在第三列。

即 0,1,2,则这张牌的位置是:

$$
\begin{aligned}
y &= x_1+3x_2+9x_3 \\
&= 0+3\times1+9\times2 \\
&= 21
\end{aligned}
$$

对应新牌阵的序号为:

| | | |
|---|---|---|
| 0 | 9 | 18 |
| 1 | 10 | 19 |
| 2 | 11 | 20 |
| 3 | 12 | 21 |
| 4 | 13 | 22 |
| 5 | 14 | 23 |
| 6 | 15 | 24 |
| 7 | 16 | 25 |
| 8 | 17 | 26 |

我们便可算出编号为 21 的那张扑克牌是红桃 11。把观众的三次告知依次看作三进数的右起第一、二、三位，左列的记为 2，中列的记为 1，右列的记为 0，那么观众关于牌的位置描述实际上就是提供了一个信息：这个三位三进数是 210，我们经过心算，第一次告知的数乘以 1，第二次告知的数乘以 3，第三次告知的数乘以 9，3 个积相加得 21，即

$$210_{(3)}=0\times1+1\times3+2\times9=21$$

在图中，根据 0～26 编号的排列规律，我们很快找到了编号 21 对应的那张牌。

## 三榜选骏

魔术师在一副扑克中任意取出 27 张，第一次发牌摆成 3 行 9 列的长方阵，从左到右、从上到下排序，即第一行摆完后，再摆第二行。魔术师让一个观众暗记长方阵中一张牌的花色、牌点与行数。

当观众说记清楚了以后，开始收牌，先收第一列第一行的牌，再收第一列第二行的牌，放在第一张牌下面，再收第一列第三行的牌，放在先收的牌下面，第一列收完再收第二列。依次下去，直到收完最后一张牌。

然后第二次发牌，从牌的第一张开始发(即从最上边开始发)，先发第一行第一列的牌，再发第一行第二列的牌，再发第一行第三列的牌。依次下去，第一行发完后，再发第二行，第二行发完后，再发第三行，直到发完最后一张牌。这样发完牌后形成一个新的长方阵。

魔术师再让每一位观众记住自己那张牌在新的长方阵中的所位于的行数。当观众都说记清楚了以后，开始第二次收牌，第三次发牌，方法同前。这样发完牌后形成最后的新的长方阵。

魔术师第三次让每一位观众记住自己那张牌在新的长方阵中的所位于的行数。并让观众说出自己所记的那张牌在三个长方阵中的行数。

观众说出自己所记的那张牌在三个长方阵中的行数，魔术师告诉他所记的那张牌的牌点和花色是什么，观众都点头称是。

## 魔术揭秘

我们设观众甲所记的那张牌在三个长方阵中的行数分别为 $a,b,c$，我们现在面对的是第三个长方阵，牌只能根据第三个长方阵提供的信息来判断，我们已知道牌在第三个长方阵的 $c$ 行，若能知道列，那么在第三个长方阵中寻找 $c$ 行某列，就可确定此牌。所以问题转化成如何确定此牌在第三个长方阵的列数。

| | | | | | | | | |
|---|---|---|---|---|---|---|---|---|
| $A_1$ | $A_2$ | $A_3$ | $A_4$ | $A_5$ | $A_6$ | $A_7$ | $A_8$ | $A_9$ |
| $B_1$ | $B_2$ | $B_3$ | $B_4$ | $B_5$ | $B_6$ | $B_7$ | $B_8$ | $B_9$ |
| $C_1$ | $C_2$ | $C_3$ | $C_4$ | $C_5$ | $C_6$ | $C_7$ | $C_8$ | $C_9$ |

第一次的长方阵

| | | | | | | | | |
|---|---|---|---|---|---|---|---|---|
| $A_1$ | $B_1$ | $C_1$ | $A_2$ | $B_2$ | $C_2$ | $A_3$ | $B_3$ | $C_3$ |
| $A_4$ | $B_4$ | $C_4$ | $A_5$ | $B_5$ | $C_5$ | $A_6$ | $B_6$ | $C_6$ |
| $A_7$ | $B_7$ | $C_7$ | $A_8$ | $B_8$ | $C_8$ | $A_9$ | $B_9$ | $C_9$ |

第二次的长方阵

| | | | | | | | | |
|---|---|---|---|---|---|---|---|---|
| $A_1$ | $A_4$ | $A_7$ | $B_1$ | $B_4$ | $B_7$ | $C_1$ | $C_4$ | $C_7$ |
| $A_2$ | $A_5$ | $A_8$ | $B_2$ | $B_5$ | $B_8$ | $C_2$ | $C_5$ | $C_8$ |
| $A_3$ | $A_6$ | $A_9$ | $B_3$ | $B_6$ | $B_9$ | $C_3$ | $C_6$ | $C_9$ |

第三次的长方阵

我们将第一次行数、第二次行数、第三次列数列一个表。

| 牌名 | 第一次行数 $a$ | 第二次行数 $b$ | 第三次列数 $y$ |
|---|---|---|---|
| $A_1$ | 1 | 1 | 1 |
| $A_2$ | 1 | 1 | 1 |
| $A_3$ | 1 | 1 | 1 |
| $A_4$ | 1 | 2 | 2 |
| $A_5$ | 1 | 2 | 2 |
| $A_6$ | 1 | 2 | 2 |
| $A_7$ | 1 | 3 | 3 |
| $A_8$ | 1 | 3 | 3 |
| $A_9$ | 1 | 3 | 3 |
| $B_1$ | 2 | 1 | 4 |
| $B_2$ | 2 | 1 | 4 |
| $B_3$ | 2 | 1 | 4 |
| $B_4$ | 2 | 2 | 5 |
| $B_5$ | 2 | 2 | 5 |
| $B_6$ | 2 | 2 | 5 |
| $B_7$ | 2 | 3 | 6 |
| $B_8$ | 2 | 3 | 6 |
| $B_9$ | 2 | 3 | 6 |
| $C_1$ | 3 | 1 | 7 |
| $C_2$ | 3 | 1 | 7 |
| $C_3$ | 3 | 1 | 7 |

续表

| 牌名 | 第一次行数 $a$ | 第二次行数 $b$ | 第三次列数 $y$ |
|---|---|---|---|
| $C_4$ | 3 | 2 | 8 |
| $C_5$ | 3 | 2 | 8 |
| $C_6$ | 3 | 2 | 8 |
| $C_7$ | 3 | 3 | 9 |
| $C_8$ | 3 | 3 | 9 |
| $C_9$ | 3 | 3 | 9 |

通过列方程计算得

$$y=3a+b-3$$

例如：魔术师第一次用扑克摆的长方阵为：

当观众都说记清楚了以后，开始收牌，先收第一列第一行的牌，再收第一列第二行的牌，放在第一张牌下面，再收第一列第三行的牌，放在先收的牌下面，第一列收完再收第二列。依次下去，直到收完最后一张牌。

然后第二次发牌，从牌的第一张开始发（即从最上边开始发），先发第一行第一列的牌，再发第一行第二列的牌，再发第一行第三列的牌。依次下去，第一行发完后，再发第二行，第二行发完后，再发第三行，直到发完最后一张牌。这样发完牌后形成一个新的长方阵。

魔术师再让每一位观众记住自己那张牌在新的长方阵中的所位于的行数。当观众都说记清楚了以后，开始第二次收牌，第三次发牌，方法同前。这样发完牌后形成最后的新的长方阵。

魔术师第三次让每一位观众记住自己那张牌在新的长方阵中的所位于的行数。并让观众甲说出自己所记的那张牌在三个长方阵中的行数。

观众甲说出自己所记的那张牌在三个长方阵中的行数分别为：2，2，3。魔术师用 $y=3a+b-3$ 计算得：

$$
\begin{aligned}
y &= 3a+b-3 \\
&= 3\times2+2-3 \\
&= 5
\end{aligned}
$$

魔术师在第三行找第五张，看到梅花 Q，魔术师告诉他所记的那张牌的牌点和花色是梅花 Q。

# 面值妙猜

观众一只手拿着一枚五角硬币，另一只手拿着一枚一元硬币，魔术师让观众将右手硬币的面值乘以4，左手的乘以3，再将两个数相加并报出结果，则其将会猜出观众哪只手拿着哪种面值的硬币。

### 魔术揭秘

设左手是 $x$，右手是 $y$，乘积之和为 $z$，依题意有：

$$z=3x+4y$$

若

$$x=0.5, y=1$$

则

$$z=3\times0.5+4\times1=5.5$$

若

$$x=1, y=0.5$$

则

$$z=3\times1+4\times0.5=5$$

魔术师根据计算结果是5还是5.5，猜出观众哪只手拿着哪种面值的硬币。

# 第九章　加除、减除混合运算的课堂魔术

## 棋子告密

观众背对着魔术师把 10 枚棋子任意分成甲、乙两组，只要观众把甲组的棋子数量乘以 8，乙组的棋子数量乘以 2，再将两个数相加之和告诉魔术师，则魔术师总能知道甲组有几枚棋子，乙组有几枚棋子。

### 魔术揭秘

设甲组的棋子数量为 $x$，乙组的棋子数量为 $10-x$，两个数乘积之后相加之和为 $s$，依题意有：

$$8x+2\times(10-x)=s$$

也就是

$$6x+20=s$$

$$x=\frac{s-20}{6}$$

乙组棋子数量为

$$10-x=10-\frac{s-20}{6}=\frac{80-s}{6}$$

## 被去掉了什么数

魔术师让观众写一个四位数，并去掉一个数字，然后用得到的数减去四位数各个数位的数字和。只要把这个差告诉魔术师，魔术师就知道观众去掉的数字是几。

例如：1 234 这个数，去掉 1，是 234。然后用得到的数减去四位数各个数位的数字和。

$$234-(1+2+3+4)=234-10=224$$

观众把差 224 告诉魔术师，魔术师就知道去掉的数字是 1。

如何用这个差来算去掉的数？

### 魔术揭秘

设四位数是 $abcd$，不妨设去掉的是千位数 $a$，得 $bcd$，此数减去四位数各个数位的数字

和为 $e$,则

$$bcd-(a+b+c+d)=e$$

$$100b+10c+d-(a+b+c+d)=99b+9c-a$$

则

$$99b+9c-a=e$$

$$99b+9c=e+a$$

两边同除以 9,得

$$11b+c=\frac{e+a}{9}$$

$$=\left[\frac{e}{9}\right]+\frac{e\text{ 除以 9 的余数}}{9}+\frac{a}{9}$$

但 $a$ 是一位数,则 $a\leqslant 9$,则

$$\frac{a}{9}\leqslant 1$$

等式左边是整数,$\left[\frac{e}{9}\right]$是整数,则

$$\frac{e\text{ 除以 9 的余数}}{9}+\frac{a}{9}=1$$

$$e\text{ 除以 9 的余数}+a=9$$

$$a=9-e\text{ 除以 9 的余数}$$

结合例子中 $e=224$,有

$$a=9-e\text{ 除以 9 的余数}$$

$$=9-\frac{224}{9}\text{的余数}$$

$$=9-8$$

$$=1$$

若去掉的是百位上的数、十位上的数、个位上的数,也有相同的结论。

## 有趣的数学魔术

魔术师对观众说:"你脑子里先想一个两位数,接着在它后面添上两个零,接着再减去你想的数,再减去你的年龄。把得数告诉我,我就能知道你的年龄了。"

一位观众说:"3 589。"魔术师说:"74!"另一位观众说:"6 601。"魔术师说:"32!"观众的嘴巴张得更大了,甚至眼睛也快凸出来了!

### 魔术揭秘

设两位数为 $ab$,$a\neq 0$,后边添上两个零后为 $ab00$,注意:

$$ab00=100ab$$

接着再减去观众想的数，得

$$ab00-ab=100\times ab-ab=99ab$$

我们设观众的年龄是 $x$，$0<x\leqslant 99$，再减去年龄，得：

$$ab00-ab-x=100ab-ab-x=99ab-x$$

设观众告诉的结果为 $w$，则有

$$99ab-x=w$$

得

$$99ab=w+x$$

即

$$ab=\frac{w+x}{99}$$

$$=\left[\frac{w}{99}\right]+\frac{\frac{w}{99}\text{的余数}}{99}+\frac{x}{99}$$

因 $ab$ 是整数，$\left[\frac{w}{99}\right]$ 表示 $w$ 除以 99 的整数部分，则

$$\frac{\frac{w}{99}\text{的余数}}{99}+\frac{x}{99}$$

也是整数，但

$$0<x\leqslant 99$$

则

$$0<\frac{x}{99}\leqslant 1$$

而

$$0<\frac{\frac{w}{99}\text{的余数}}{99}<1$$

则

$$\frac{\frac{w}{99}\text{的余数}}{99}+\frac{x}{99}=1$$

即

$$\frac{w}{99}\text{的余数}+x=99$$

解得

$$x=99-\frac{w}{99}\text{的余数}$$

例如:第一位观众告诉计算的结果 $w=3\ 589$,则有

$$x=99-\frac{w}{99}\text{的余数}$$

$$=99-\frac{3\ 589}{99}\text{的余数}$$

$$=99-25$$

$$=74$$

第二位观众告诉计算的结果 $w=6\ 601$,则有

$$x=99-\frac{w}{99}\text{的余数}$$

$$=99-\frac{6\ 601}{99}\text{的余数}$$

$$=99-67$$

$$=32$$

此游戏对 100 岁以下适用,不适用于 100 岁(包括 100 岁)以上的人。

我们也可如下分析:设两位数是 $ab$,$a\neq 0$,年龄是 $N$,$0<N<99$,计算结果是 $S$,则:

$$ab00-ab-N=S$$

也就是

$$100ab-ab-N=S$$

即

$$99ab-N=S$$

两边同除以 99 得:

$$\frac{S+N}{99}=ab$$

$$\left[\frac{S}{99}\right]+\frac{S-\left[\frac{S}{99}\right]\times 99+N}{99}=ab$$

注意 $\left[\frac{S}{99}\right]$ 和 $ab$ 都是整数,则 $\frac{S-\left[\frac{S}{99}\right]\times 99+N}{99}$ 也是整数,注意

$$\frac{S-\left[\frac{S}{99}\right]\times 99}{99}<1$$

$$0<\frac{N}{99}<1$$

则

$$0<\frac{S-\left[\frac{S}{99}\right]\times 99+N}{99}\leqslant 1$$

$\frac{S-\left[\frac{S}{99}\right]\times 99+N}{99}$是整数，必是

$$\frac{S-\left[\frac{S}{99}\right]\times 99+N}{99}=1$$

则

$$S-\left[\frac{S}{99}\right]\times 99+N=99$$

则

$$N=99-S+\left[\frac{S}{99}\right]\times 99$$

回到数据3 589，

$$\begin{aligned}N&=99-S+\left[\frac{S}{99}\right]\times 99\\&=99-3\ 589+\left[\frac{3\ 589}{99}\right]\times 99\\&=99-3\ 589+36\times 99\\&=74\end{aligned}$$

回到数据6 601，

$$\begin{aligned}N&=99-S+\left[\frac{S}{99}\right]\times 99\\&=99-6\ 601+\left[\frac{6\ 601}{99}\right]\times 99\\&=99-6\ 601+66\times 99\\&=32\end{aligned}$$

## 忆海拾珠

魔术师把一位观众请上台，说："请你在纸上写上1，2，…，9这几个数，然后涂掉其中一个，但涂掉的是几不能告诉我。"观众按魔术师的要求认真完成，涂掉3。

"下面，把剩下的数相乘，得到一个积，也不要告诉我。"观众算出来的积是120 960。"现在请你把算出来的结果中的'0'去掉！"于是，观众得到的数就变成了1 296。

魔术师说："请你再去掉一个自己不喜欢的数，然后把最终结果告诉我，我能猜出你们不喜欢的那个数是什么。"

魔术师问观众："你去掉不喜欢的数后是多少？"观众说："129。"魔术师闭上眼想了一会儿，说："你去掉的是6吧？"观众呆住了，他去掉的数就是6。

**魔术揭秘**

因为这些数中含有因数3的数有3个，分别是3，6，9，无论观众去掉哪一个，至少能剩2个，所以余下的数的乘积一定是9的倍数。而且9的倍数有一个特点，就是各个数位上的数字之和能被9整除，这也就是魔术师让观众去掉0的原因。魔术师把观众报的数的各位上的数字相加，再把新数的各位上的数字相加，这样一直加下去，必剩一个一位数，魔术师用9减去最后得到的一位数，差就是不喜欢的数。

## 四个连续数

魔术师说："你心中想四个连续数，用较大的两个数的积减去较小的两个数的积，只要把差告诉我，我就能猜出这四个连续自然数。"观众说："46。"魔术师说："你心中想的四个连续自然数是10，11，12，13。"

这是怎么算出来的？原来把四个数相加的和减去6后的差除以4，就知道了最小的数，因是连续数，其他三个数也就知道了。

**魔术揭秘**

设四个连续数是$x$，$x+1$，$x+2$，$x+3$，观众给出的结果为$z$，较大的两个数的积是：

$$(x+2)(x+3)=x^2+5x+6$$

较小的两个数的积是：

$$x(x+1)=x^2+x$$

用较大的两个数的积减去较小的两个数的积，得：

$$x^2+5x+6-(x^2+x)=4x+6$$

则有

$$4x+6=z$$

$$x=\frac{z-6}{4}$$

我们取

$$z=46$$

则

$$x=\frac{z-6}{4}=\frac{46-6}{4}=10$$

则四个连续自然数是10，11，12，13。

# 小颖唬小明

小颖对小明说:“你心里想一个两位数,将十位数字乘以 2 加上 4,再将所得新数乘以 5,最后将得到的新数再加上个位数字,把结果告诉我,我便知道你心里想的那个两位数了。”请写出小颖是怎样得到的?

## 魔术揭秘

设这个两位数是 $ab$,$a\neq0$,最终得到的和数为 $y$,这是已知的。则

$$5(2a+4)+b=y$$

也就是

$$10a+20+b=y$$

则 $y$ 的个位数就是 $ab$ 的个位数 $b$,也变成已知数,则

$$a=\frac{y-b-20}{10}$$

$a$ 也是已知数了。

例如:一个两位数经过计算后得到的结果是 77,则这个两位数的个位数是 7,十位数是:

$$\begin{aligned}a&=\frac{y-b-20}{10}\\&=\frac{77-7-20}{10}\\&=5\end{aligned}$$

则原两位数为 57。

# 第十章 加减乘除混合运算的课堂魔术

## 给零归整

观众随意抓一把硬币,将其摆放为一个最大的正方形,将剩下的硬币交给魔术师。魔术师立即能猜出观众起初抓了多少枚硬币。

### 魔术揭秘

设正方形每边上有 $m$ 枚硬币,观众抓了 $x$ 枚硬币,摆放正方形需硬币枚数为:

$$
\begin{aligned}
&m+m+(m-2)+(m-2)\\
&=4m-4\\
&=4(m-1)
\end{aligned}
$$

$x=4(m-1)+$剩下的硬币数。

## 六步循环往复计算

任取两个非零数 $a$ 和 $b$,把 $a$ 称为第一数,把 $b$ 称为第二数,按如下六步计算。

第一步:把第一数 $a$ 加 1,$(a+1)$ 除以第二数 $b$,得商为 $c$,称为第三数;

第二步:把第三数 $c$ 加 1,$(c+1)$ 除以第一数 $a$,得商为 $d$,称为第四数;

第三步:把第四数 $d$ 加 1,$(d+1)$ 除以第三数 $c$,得商为 $e$,称为第五数;

第四步:把第五数 $e$ 加 1,$(e+1)$ 除以第四数 $d$,得商却为 $b$,为第二数;

第五步:把第二数 $b$ 加 1,$(b+1)$ 除以第五数 $e$,得商却为 $a$,为第一数;

第六步:把第一数 $a$ 加 1,$(a+1)$ 除以第二数 $b$,得商却为 $c$,为第三数。

当进行到第六步计算时,所列的式子竟然回现第一步的计算式。

### 魔术揭秘

例如:设两个数分别为 31 和 7,按上述程序计算如下。

第一步:

$$(31+1)\div7\approx4.571$$

第二步：

$$(4.571+1)\div 31\approx 0.18$$

第三步：

$$(0.18+1)\div 4.571\approx 0.258$$

第四步：

$$(0.258+1)\div 0.18\approx 7$$

第五步：

$$(7+1)\div 0.258\approx 31$$

第六步：

$$(31+1)\div 7\approx 4.571$$

注意各步计算都有四舍五入的误差，所以，回现的数都是近似的。

例如：设两个数分别为57和13，按上述程序计算如下。

第一步：

$$(57+1)\div 13\approx 4.46$$

第二步：

$$(4.46+1)\div 57\approx 0.096$$

第三步：

$$(0.096+1)\div 4.46\approx 0.246$$

第四步：

$$(0.246+1)\div 0.096\approx 13$$

第五步：

$$(13+1)\div 0.246\approx 57$$

第六步：

$$(57+1)\div 13\approx 4.46$$

现在分析一下其中的数学原理。

第一步：

$$c=\frac{a+1}{b}$$

第二步：

$$d=\frac{c+1}{a}=\frac{\frac{a+1}{b}+1}{a}=\frac{a+b+1}{ab}$$

第三步：

$$e=\frac{d+1}{c}$$

$$=\frac{\frac{a+b+1}{ab}+1}{\frac{a+1}{b}}$$

$$=\frac{\frac{a+b+1+ab}{ab}}{\frac{a+1}{b}}$$

$$=\frac{\frac{(a+1)+b(a+1)}{ab}}{\frac{a+1}{b}}$$

$$=\frac{\frac{(a+1)(b+1)}{ab}}{\frac{a+1}{b}}$$

$$=\frac{b+1}{a}$$

第四步：

$$\frac{e+1}{d}=\frac{\frac{b+1}{a}+1}{\frac{a+b+1}{ab}}$$

$$=\frac{\frac{b+1+a}{a}}{\frac{a+b+1}{ab}}$$

$$=b$$

第五步：

$$\frac{b+1}{e}=\frac{b+1}{\frac{b+1}{a}}=a$$

第六步：

$$\frac{a+1}{b}=c$$

## 得陇望蜀

在一张纸上并排画11个小方格，魔术师叫观众背对着他（确保魔术师看不到观众在纸上写什么）在前两个方格中随便填两个1到10之间的数，从第3个方格开始，在每个方格里填入前两个方格里的数之和，让观众一直算出第10个方格里的数，假如观众一开始填入方格的数是4和5，那么前10个方格里的数应该是：

| | | | | | | | | | | |
|---|---|---|---|---|---|---|---|---|---|---|
| 4 | 5 | 9 | 14 | 23 | 37 | 60 | 97 | 157 | 254 | |

现在,魔术师叫观众报出第10个方格里的数,稍作计算魔术师就能说出第11个方格里的数应该是多少。观众会惊奇地发现,把第11个方格里的数计算出来,所得的结果与魔术师的预测一模一样!

这就奇怪了,在只知道第10个数的大小,不知道第9个数的大小的情况下,怎么能猜对第11个数呢?

其实,仅凭借第10个数来推测第11个数的方法非常简单,魔术师需要做的仅仅是把第10个数乘以1.618,得到的乘积四舍五入一下就是第11个数了,在上面的例子中,由于

$$254\times1.618=410.972\approx411$$

因此魔术师可以胸有成竹地断定,第11个数就是411。而事实上,157与254相加就等于411。把前两个方格里的数换成其他数,结论依然成立:

| | | | | | | | | | | |
|---|---|---|---|---|---|---|---|---|---|---|
| 2 | 9 | 11 | 20 | 31 | 51 | 82 | 133 | 215 | 348 | 563 |

可以看到,第11个数应该为

$$215+348=563$$

而348的1.618倍就等于563.064,与实际结果惊人地"吻合",这究竟是怎么回事呢?

## 魔术揭秘

不妨假设观众最初在纸上写下的两个数分别是 $a$ 和 $b$,那么,这11个方格里的数分别为:

| | | | | | | | | | | |
|---|---|---|---|---|---|---|---|---|---|---|
| $a$ | $b$ | $a+b$ | $a+2b$ | $2a+3b$ | $3a+5b$ | $5a+8b$ | $8a+13b$ | $13a+21b$ | $21a+34b$ | $34a+55b$ |

接下来,我们只需要说明,$34a+55b$ 与 $21a+34b$ 之比近似于1.618即可。

为了说明这一点,我们先来证明,当 $s,t,u,v$ 均为正数时,$\frac{s+u}{t+v}$大小介于$\frac{s}{t}$和$\frac{u}{v}$之间。

不妨假设$\frac{s}{t}<\frac{u}{v}$,也就是说 $sv<ut$,则

$$\frac{s+u}{t+v}=\frac{(s+u)t}{(t+v)t}=\frac{st+ut}{(t+v)t}>\frac{st+sv}{(t+v)t}=\frac{s(t+v)}{(t+v)t}=\frac{s}{t}$$

$$\frac{s+u}{t+v}=\frac{(s+u)v}{(t+v)v}=\frac{sv+uv}{(t+v)v}<\frac{tu+uv}{(t+v)v}=\frac{u(t+v)}{(t+v)v}=\frac{u}{v}$$

故有

$$\frac{s}{t}<\frac{s+u}{t+v}<\frac{u}{v}$$

令

$$s=55b$$

$$t=34b$$

$$u=34a$$

$$v=21a$$

得到

$$\frac{55b}{34b}<\frac{55b+34a}{34b+21a}<\frac{34a}{21a}$$

即

$$\frac{55}{34}<\frac{55b+34a}{34b+21a}<\frac{34}{21}$$

即

$$1.61765<\frac{55b+34a}{34b+21a}<1.61905$$

可见当 $a$ 和 $b$ 的取值不同时，$\frac{55b+34a}{34b+21a}$的精确值也不尽相同，但它们总是非常接近于 1.618，这就告诉我们，当 $a$ 和 $b$ 都不大时，用方格里的第 10 个数乘以 1.618，对于这个结果，由于计算出来的数包含小数，但表中运算结果是整数，所以我们四舍五入后取整，这样我们就能比较准确地推测出第 11 个数。

若推测第 12 个数，第 13 个数，更精确，越往后准确度越高。

反过来，第 11 个数、第 10 个数，其差必为第 9 个数，由第 10 个数、第 9 个数可以推出第 8 个数……最终推出第 2 个数、第 1 个数。

如第 11 个数为 563，第 10 个数为 348，则第 9 个数必为：

$$563-348=215$$

第 8 个数必为：

$$348-215=133$$

第 7 个数必为：

$$215-133=82$$

第 6 个数必为：

$$133-82=51$$

第 5 个数必为：

$$82-51=31$$

第 4 个数必为：

$$51-31=20$$

第 3 个数必为：

$$31-20=11$$

第 2 个数必为：

$$20-11=9$$

第 1 个数必为：

$$11-9=2$$

所以，只要告诉如此运算的第 10 个数，我们就知道开始的两个数。

注意

$$\frac{1}{0.618}=1\div0.618=1.618\ 123$$

所以也有人用第 10 个数除以 0.618 来得出第 11 个数。

$$第\ 10\ 个数\times1.618\approx第\ 10\ 个数\times\frac{1}{0.618}=第\ 10\ 个数\div0.618$$

所以两种方法没有本质区别。

## “我回来了”

魔术师请一位观众上台随便写一个两位数(不告诉魔术师是什么数字),然后要求他从这个数中任意减去一个一位数(1～9,随便哪个都行),把差值乘以9,得出该乘积之后,再加上原来选定的那个数字,把最后得到的数告诉魔术师。此时魔术师便可以神奇地猜出观众写出的两位数(窍门在于:将结果的个位数字加到其前面剩余的数字上)。

譬如说,最开始选定的数是64,不妨让该数字减去7,则

$$(64-7)\times9+64=577$$

根据577,知道减数是577的百位和十位构成的两位数,加上本身的个位数,便可推知开始选定的数据,

$$57+7=64$$

譬如说,最开始选定的数是14,不妨让该数字减去8,则

$$(14-8)\times9+14=68$$

根据68知道减数是8,68的十位数6构成的个位数,加上本身的个位数8,便可推知开始选定的数据,

$$6+8=14$$

### 魔术揭秘

设原始的两位数是 $x$,减去的一位数是 $k$,最终的结果是 $y$,

$$y=10a+b$$

$b$ 表示个位数字,$a$ 为前面剩余的数字,则

$$9(x-k)+x=y$$

$$10x-9k=y$$

$$10x=9k+y$$

但前边已设

$$y=10a+b$$

则

$$10x=9k+10a+b$$

也即右侧可以被 10 整除,要求 $9k+b$ 能被 10 整除,且对任意的 $k$ 都成立,则唯有

$$b=k$$

我们甚至可以推测出将原始数据减去的一位数是哪一个,则

$$10x=9k+10a+b=9b+10a+b=10a+10b$$

$$x=a+b$$

得证。

$b=k$ 说明计算结果的最后一位数就是减数。

这个奇妙的魔术也完全适用于开始时选择一个三位以上数的情况,以 512 减去 7 为例:

$$(512-7)\times9+512=5\ 057$$

$$7+505=512$$

5 057 告诉我们,减数是 7,即 5 057 的最后一位数就是减数,512 是被减数。

## 门槛虽筑高,我照样回来了

魔术师请一位观众上台随便写一个三位数(不告诉魔术师是什么数字),然后要求观众从这个数中任意减去一个两位数(1 ~ 99,随便哪个都行),把差值乘以 99,得出该乘积之后,再加上原来选定的那个数目,把最后得到的数告诉魔术师。此时魔术师便可以神奇地猜出观众写出的三位数(窍门在于:将结果的末两位数字加到其前面剩余的数字上)。

譬如说,最开始选定的数是 614,不妨让该数字减去 71,则

$$(614-71)\times99+614=54\ 371$$

71 就是减数,则

$$543+71=614$$

### 魔术揭秘

设原始的三位数是 $x$,减去的两位数是 $jk$,最终的结果是 $y$,

$$y=100a+bc$$

$bc$ 为末两位数,$a$ 为前面剩余的数字,则

$$99(x-jk)+x=y$$

$$100x-99jk=y$$

$$100x=99jk+y$$

但前边已设

$$y=100a+bc$$

则

$$100x=99jk+100a+bc$$

右侧的可以被 100 整除,要求 $99jk+bc$ 能被 100 整除,且对任意的 $jk$ 都成立,则唯有

$$bc=jk$$

我们甚至可以推测出将原始数据减去的两位数是哪两个，则

$$100x=99jk+100a+bc=99bc+100a+bc=100a+100bc$$

$$x=a+bc$$

而

$$bc=jk$$

说明计算结果的最后两位数就是减数。

## 穷尽你的手段，王者依旧归来

魔术师请观众随便写一个四位数（不告诉魔术师是什么数字），然后要求观众从这个数中任意减去一个三位数（1～999，随便哪个都行），把差值乘以999，得出该乘积之后，再加上原来选定的那个数目，把最后得到的数告诉魔术师。此时魔术师便可以神奇地猜出观众写出的四位数（窍门在于：将结果的末三位数字加到其前面剩余的数字上）。

譬如说，最开始选定的数是6 148，不妨让该数字减去712，则

$$(6\ 148-712)\times999+6\ 148=5\ 436\ 712$$

712就是减数，

$$5\ 436+712=6\ 148$$

穷尽你的手段，王者依旧归来。

### 魔术揭秘

设原始的四位数是 $x$，减去的三位数是 $ijk$，最终的结果是 $y$，

$$y=1\ 000a+bce$$

$bce$ 为末三位数，$a$ 为前面剩余的数字，则

$$999(x-ijk)+x=y$$

$$1\ 000x-999ijk=y$$

$$1\ 000x=999ijk+y$$

但前边已设

$$y=1\ 000a+bce$$

则

$$1\ 000x=999ijk+1\ 000a+bce$$

等式右侧的可以被1 000整除，要求 $999ijk+bce$ 能被1 000整除，且对任意的 $ijk$ 都成立，则唯有

$$bce=ijk$$

我们甚至可以推测出将原始数据减去的三位数是哪三位，则：

$$1\ 000x=999ijk+1\ 000a+bce=999bce+1\ 000a+bce=1\ 000a+1\ 000bce$$

$$x=a+bce$$

而

$$bce=ijk$$

说明计算结果的最后三位数就是减数。

## 偶数与奇数

魔术师请观众暗定一个偶数。“把它增加二倍后，取一半，再增加二倍。好了，现在，你只要告诉我得数用 9 除的商是多少，我就能立即说出你暗定的数。”

设暗定的数是 6，增加二倍得 18，这个数的一半等于 9，再增加二倍得 27，用 9 去除得 3，3 就是暗定数的一半。

这个游戏，暗定数也能是奇数，只是说法要做一点改变。奇数增加二倍后，不能被 2 整除，加 1 后再像前面那样做。

例如，暗定的数是 5，增加二倍得 15，15 加 1 得 16，16 的一半是 8，8 增加二倍得 24。24 除以 9，商 2，余 6。把商 2 乘以 2，再加 1，得暗定数 5。

为什么总是这样，用字母代替数给出证明。

### 魔术揭秘

若暗定数是偶数，设这个数为 $x$，再增加二倍，就是 $3x$，取一半，就是 $1.5x$，再增加二倍，就是 $4.5x$，用 9 除后，得 $0.5x$，那么这个数乘以 2 就是观众心中想的数 $x$。

若暗定数是奇数，设这个数为 $x$，再增加二倍，就是 $3x$，加 1 后为 $3x+1$，取一半，就是 $1.5x+0.5$，再增加二倍，就是 $4.5x+1.5$，用 9 除后，得 $\left[\frac{4.5x+1.5}{9}\right]$，方括号表示取整数。

$x$ 为奇数时，$\left[\frac{9x}{9}\right]$ 与 $2\left[\frac{4.5x}{9}\right]$ 的关系如下表：

| $x$ | $\left[\frac{9x}{9}\right]$ | $2\left[\frac{4.5x}{9}\right]$ | 差 |
|---|---|---|---|
| 1 | 1 | 0 | 1 |
| 3 | 3 | 2 | 1 |
| 5 | 5 | 4 | 1 |
| 7 | 7 | 6 | 1 |
| 9 | 9 | 8 | 1 |
| 11 | 11 | 10 | 1 |

续表

| $x$ | $\left[\frac{9x}{9}\right]$ | $2\left[\frac{4.5x}{9}\right]$ | 差 |
| --- | --- | --- | --- |
| 13 | 13 | 12 | 1 |
| 15 | 15 | 14 | 1 |
| 17 | 17 | 16 | 1 |
| 19 | 19 | 18 | 1 |
| 21 | 21 | 20 | 1 |
| 23 | 23 | 22 | 1 |
| 25 | 25 | 24 | 1 |
| 27 | 27 | 26 | 1 |
| 29 | 29 | 28 | 1 |
| 31 | 31 | 30 | 1 |
| 33 | 33 | 32 | 1 |
| 35 | 35 | 34 | 1 |
| 37 | 37 | 36 | 1 |
| ⋮ | ⋮ | ⋮ | ⋮ |

则

$$\left[\frac{9x}{9}\right]=2\left[\frac{4.5x}{9}\right]+1$$

同理

$$\left[\frac{9x+s}{9}\right]=2\left[\frac{4.5x}{9}\right]+1$$

其中 $s$ 是满足

$$1\leqslant s<9$$

的整数。

下面考虑$\left[\frac{4.5x+1.5}{9}\right]$与$\left[\frac{4.5x}{9}\right]$的关系。

| $x$ | $\left[\frac{4.5x}{9}\right]$ | $\left[\frac{4.5x+1.5}{9}\right]$ | 差 |
| --- | --- | --- | --- |
| 1 | 0 | 0 | 0 |
| 3 | 1 | 1 | 0 |

续表

| $x$ | $\left[\frac{4.5x}{9}\right]$ | $\left[\frac{4.5x+1.5}{9}\right]$ | 差 |
|---|---|---|---|
| 5 | 2 | 2 | 0 |
| 7 | 3 | 3 | 0 |
| 9 | 4 | 4 | 0 |
| 11 | 5 | 5 | 0 |
| 13 | 6 | 6 | 0 |
| 15 | 7 | 7 | 0 |
| ⋮ | ⋮ | ⋮ | ⋮ |

可见$\left[\frac{4.5x+1.5}{9}\right]=\left[\frac{4.5x}{9}\right]$，我们不必考虑分子中的1.5，则

$$x=\left[\frac{9x}{9}\right]=2\left[\frac{4.5x+1.5}{9}\right]+1$$

## 神奇的预言

魔术师请观众上台说："请你想一个大于0的数，并按我的要求进行计算，然后把结果告诉我。"接着说："把你想的数乘以3，再加上1，然后再乘以3，最后加上你想的那个数。你只要把计算结果告诉我，我就知道你想的那个数。"

观众说："我的结果是63，你说我想的那个数是多少？"

魔术师故作沉思状，然后慢吞吞地说："如果你没有算错的话，你想的那个数是6。"

### 魔术揭秘

其实，魔术师之所以有预言能力，靠的是数学。假设你想一个大于0的数是$a$，计算结果为$y$，根据计算规则，结果为

$$\begin{aligned}y&=(a\times3+1)\times3+a\\&=9a+3+a\\&=10a+3\end{aligned}$$

$$a=\frac{y-3}{10}$$

这样一看就会明白，结果一定是以3结尾，而$a$则为将结果减去3后，再缩小10倍的数。

## 商是多少

魔术师请一个观众在信封上面任意写个三位数，要求这个数的个位与百位上数字不同，数字都不小于1，并且差大于1，写好后，请他把首尾的数字交换位置，用较大的数减去较小的数，再除以9，把商告诉魔术师，魔术师把商除以11就知道这个数的百位数与个位数相差多少。

例如：

$$792-297=495$$

$$495\div 9=55$$

$$55\div 11=5$$

魔术师说百位数与个位数相差5。

### 魔术揭秘

设三位数为$abc$，$a\geqslant 1$，$c\geqslant 1$，$a\geqslant c+2$，它与$cba$的差为：

$$\begin{aligned}&abc-cba\\&=(100a+10b+c)-(100c+10b+a)\\&=99a-99c\\&=99(a-c)\\&=9\times 11(a-c)\end{aligned}$$

此差值除以9后，结果为$11(a-c)$，再除以11，就得到$a-c$。

## “取棋子”魔术

魔术师说：“我这里有三堆棋子，每堆9个，一个人只能从其中一堆中取，你们从每一堆中任意取几个我都能猜出来。”于是丁丁、丽丽和瑶瑶三人悄悄地分别取了起来，丁丁取8个，丽丽取6个，瑶瑶取3个。取好后齐声说：“你猜我们取的是几个？”

魔术师说：“请你们提供一点信息。”丁丁问：“什么信息？”“将你的数乘以2，加上3，再乘以5，最后加上7。”魔术师说。丁丁在心中暗暗计算：

$$(8\times 2+3)\times 5+7=102$$

没等丁丁开口，魔术师说：“将你的计算结果悄悄地告诉丽丽。”丁丁对着丽丽的耳朵，小声地将结果告诉了丽丽。魔术师又对丽丽说：“把这个数与你取的数相加，然后再乘以2，加上3，再乘以5。”丽丽在心里悄悄计算着：

$$[(102+6)\times 2+3]\times 5=1\ 095$$

丽丽说：“算好啦！”“把你的结果告诉瑶瑶。”魔术师继续命令，丽丽照办了。魔术师又对瑶瑶说："再把你取的数也加上，只要把这个最后的结果告诉我就可以了。"瑶瑶很快算好：

$$1\ 095+3=1\ 098$$

并把结果告诉魔术师，魔术师立即说："你们三人取的数分别是8，6，3。"

大家非常惊奇，你知道魔术师是怎么知道的呢？

### 魔术揭秘

魔术师只要用

$$1\ 098-235=863$$

差中的三个数字就分别是他们三人所取的棋子数。这是因为按照魔术师的要求计算出的结果必然如此。

设三人所取的数分别为 $a$，$b$，$c$（$a$，$b$，$c$ 都应在 1～9 之间），则丁丁计算的结果是：

$$(2a+3)\times5+7=10a+22$$

丽丽计算的结果是：

$$\{[(10a+22)+b]\times2+3\}\times5=(20a+2b+47)\times5=100a+10b+235$$

瑶瑶计算的结果是：

$$100a+10b+c+235$$

从式中可以清楚地看出，当瑶瑶说出得数时，魔术师将它减去235，余下的数是：$100a+10b+c$，它百位、十位和个位数 $a$，$b$，$c$ 分别是丁丁、丽丽和瑶瑶三人所取的棋子数。

## 迷宫猎妖

魔术师猜观众心中所想的数，这里主角是89，它是一个素数，很不起眼，但却非常神奇。

请观众在纸上写一个多位数，随便几位都行，然后将此数乘以89，得出乘积之后，把积的末位去掉，得到的数加上被去掉的末位数的9倍，反复执行这种运算，直到成为89为止。

接着，观众要把各次去掉的末位数按照其先后顺序报告给魔术师，当然必须绝对正确，不得有误，否则魔术就不灵了。

魔术师在听到观众报告的数据以后，顷刻之间就能猜到观众心中所想的数。不是十拿九稳，而是十拿十稳。

如果观众心中想的数是813，用它乘以89之后，列出以下算式，忠实地执行"割末位，加九倍"的运算：

$$813\times89=72\ 357$$

$$\begin{array}{r} 7\ 2\ 3\ 5 \\ +\quad\ \ 6\ 3 \\ \hline 7\ 2\ 9\ 8 \end{array}\qquad\begin{array}{r} 7\ 2\ 9 \\ +\ \ 7\ 2 \\ \hline 8\ 0\ 1 \end{array}\qquad\begin{array}{r} 8\ 0 \\ +\quad 9 \\ \hline 8\ 9 \end{array}$$

于是观众向魔术师报告："照你的嘱咐，我已算过，执行了三步以后，已到达终点 89，割去的末位依次是 7,8,1。"

岂知观众的话刚说完，魔术师就猜中了他心中所想的数 813。

那么，魔术师是怎么猜到的呢，把观众报告给魔术师的数 7,8,1 颠倒过来，使之成为 187，再用 1 000 去减

$$1\ 000-187=813$$

813 就出来了，813 是 187 的补数。

现在来说一说猜数的道理。

### 魔术揭秘

我们用逆过程推导一下，设一个六位数 $x$（更多位数也可以，只是复杂一点而已），它与 89 的积割去的末位依次是 $e,d,c,b,a$，则返回去推导，得到的就是 $89x$，因 89 是最后和，它包含了 $9a$，所以从 89 中减去 $9a$，就是未去尾数 $a$ 前原数的十位以上的数，我们再加上 $a$ 就得未去尾数 $a$ 前原数，对于 $e,d,c,b$ 也有相似的结论，因此我们得到方程：

$$89x=\{\{\{[(89-9a)\times10+a-9b]\times10+b-9c\}\times10+c-9d\}\times10+d-9e\}\times10+e$$

但

$$\begin{aligned}&\{\{\{[(89-9a)\times10+a-9b]\times10+b-9c\}\times10+c-9d\}\times10+d-9e\}\times10+e\\&=\{\{\{[890-89a-9b]\times10+b-9c\}\times10+c-9d\}\times10+d-9e\}\times10+e\\&=\{\{\{8\ 900-890a-89b-9c\}\times10+c-9d\}\times10+d-9e\}\times10+e\\&=\{\{89\ 000-8\ 900a-890b-89c-9d\}\times10+d-9e\}\times10+e\\&=\{890\ 000-89\ 000a-8\ 900b-890c-89d-9e\}\times10+e\\&=8\ 900\ 000-890\ 000a-89\ 000b-8\ 900c-890d-89e\\&=89\times(100\ 000-10\ 000a-1\ 000b-100c-10d-e)\\&=89\times(100\ 000-abcde)\end{aligned}$$

则

$$89x=89\times(100\ 000-abcde)$$

$$x=100\ 000-abcde$$

割去末位的数的逆序可以组成一个新数，用比它多一位的最小整数减去这个新数，就是原乘数。

## 如何计算星期几

下面我们介绍一下计算某年某月某日星期几的蔡勒（Zeller）公式。

看一下日历，我们就知道今天星期几，历史上的某一天是星期几，未来的某一天是星期几。

**魔术揭秘**

有很多计算公式(两个通用计算公式和一些分段计算公式),其中最著名的是蔡勒公式,即

$$w=y+[y/4]+[c/4]-2c+[26(m+1)/10]+d-1$$

公式中的符号含义如下:

$w$:星期;

$c$:世纪-1;

$y$:年(两位数);

$m$:月份($3\leqslant m\leqslant 14$,即在蔡勒公式中,某年的1,2月要看作上一年的13,14月来计算,比如2003年1月1日要看作2002年的13月1日来计算);

$d$:日数;

[ ]代表取整,即只要整数部分。

算出来的$w$除以7,余数是几就是星期几。如果余数是0,则为星期日。以2049年10月1日为例,用蔡勒公式进行计算,过程如下:

$$\begin{aligned} w &= y+[y/4]+[c/4]-2c+[26(m+1)/10]+d-1 \\ &= 49+[49/4]+[20/4]-2\times 20+[26\times(10+1)/10]+1-1 \\ &= 49+[12.25]+5-40+[28.6] \\ &= 49+12+5-40+28 \\ &= 54 \end{aligned}$$

$$54\div 7=7\cdots\cdots 5$$

即2049年10月1日是星期五。

我们看2018年4月5日,

$$\begin{aligned} w &= y+[y/4]+[c/4]-2c+[26(m+1)/10]+d-1 \\ &= 18+[18/4]+[20/4]-2\times 20+[26\times(4+1)/10]+5-1 \\ &= 18+[4.5]+5-40+[13]+4 \\ &= 18+4+5-40+13+4 \\ &= 4 \end{aligned}$$

4除以7还余4,即2018年4月5日是星期四。

我们看2018年1月7日,此时,要按照2017年13月7日计算。

$$\begin{aligned} w &= y+[y/4]+[c/4]-2c+[26(m+1)/10]+d-1 \\ &= 17+\left[\frac{17}{4}\right]+\left[\frac{20}{4}\right]-2\times 20+\left[\frac{26\times(13+1)}{10}\right]+7-1 \\ &= 17+4+5-40+36+7-1 \\ &= 28 \end{aligned}$$

$$28\div 7=4\cdots\cdots 0$$

即2018年1月7日是星期日。

我们看 2018 年 2 月 22 日，此时，要按照 2017 年 14 月 22 日计算。

$$\begin{aligned} w &= y+[y/4]+[c/4]-2c+[26(m+1)/10]+d-1 \\ &= 17+\left[\frac{17}{4}\right]+\left[\frac{20}{4}\right]-2\times20+\left[\frac{26\times(14+1)}{10}\right]+22-1 \\ &= 17+4+5-40+39+22-1 \\ &= 46 \end{aligned}$$

$$46\div7=6\cdots\cdots4$$

即 2018 年 2 月 22 日是星期四。

不过，以上公式只适合 1582 年 10 月 15 日之后的情况(当时的罗马教皇将恺撒大帝制订的儒略历修改成格里历，即今天使用的公历)。

## 根据年月日求星期几的公式

有时候，想知道公元某年某月某日是星期几，可以用下面的公式算出来：

$$s=x-1+\left[\frac{x-1}{4}\right]-\left[\frac{x-1}{100}\right]+\left[\frac{x-1}{400}\right]+y$$

这里的方括号表示只取商的整数部分。

式中：

$x$：这一年是公元多少年。

$y$：这一天是这一年的第几天。

$s$：星期几。要先除以 7，再取余数。没有余数是星期日，余数是 1，2，3，4，5，6 分别是星期一、星期二、星期三、星期四、星期五、星期六。

例如，2010 年 10 月 1 日是星期几？

$$x=2\ 010$$

$$y=31+28+31+30+31+30+31+31+30+1=31\times5+30\times3+28+1=274$$

$$s=2\ 010-1+502-20+5+274=2\ 770$$

$$2\ 770\div7=395\cdots\cdots5$$

所以，2010 年国庆节是星期五。

如果你只想知道这个公式怎样用，到这儿就可以了。而要想知道这个公式的道理是什么，那可就说来话长了。

### 魔术揭秘

“星期制”是公元 321 年 3 月 7 日古罗马皇帝君士坦丁大帝宣布开始实行的，并且规定这一天为星期一。实际上，就是把公元元年元旦(公元 1 年 1 月 1 日)规定为星期一。(相当于公式中的 $x=1$，$y=1$，所以 $s=1$。)

通常 1 年有 365 天，$365\div7=52\cdots\cdots1$，就是说比 52 个星期多 1 天。所以，同一个日

期，下一年是星期几，就要比上一年向后推 1 天。比如，上一年元旦是星期三，下一年元旦就是星期四。

“通常，每过 1 年，同一日期是星期几要向后推 1 天”，这是理解这个公式的关键。

想知道某年某月某日是星期几，首先，要以这一年元旦以公元元年元旦是星期一为起点，已经把星期几向后推了多少天，还要知道这一天是这一年的第几天。而要知道这一年元旦已经把星期几向后推了多少天，可以从公元元年到这一年已经过了多少年算起，先按 1 年向后推 1 天计算，再根据闰年的规定进行调整。

闰年的规定是：年份是 4 的倍数的一般都是闰年，其中，年份是整百数的一般不是闰年，只有年份是 400 的倍数的才是闰年。

现在，可以解释公式中各部分的含义了。

1. $x-1$ 说明从公元元年开始，已经过去了多少年，先按平年把求元旦是星期几向后推 $x-1$ 天。

2. $\left[\frac{x-1}{4}\right]$ 说明已经过去了多少个 4 年，按照年份是 4 的倍数一般都是闰年的规定，日期向后推多少天。

3. $\left[\frac{x-1}{100}\right]$ 说明已经过去了多少个 100 年，按照年份是 100 的倍数一般都不是闰年的规定，日期向前提前多少天。

4. $\left[\frac{x-1}{400}\right]$ 说明已经过去了多少个 400 年，按照年份是 400 的倍数一般都是闰年的规定，日期向后推多少天。

5. $y$ 表示这一天是这年的第几天。

这样一来，$s$ 就是在公元元年元旦是星期一的基础上，需要把这一天是星期几向后推的总天数。所以，$s$ 除以 7 取余数，就能说明这一天是星期几。

## 阿瑟·本杰明星期几的推算法

公历闰月置闰规律有三个：

1. 凡非世纪年的公元年数能被 4 除尽得整数者（如 1996 年、2004 年）皆为闰年。

2. 凡世纪年数（如 1600 年、2000 年）若先以 100 除之得整数，再以 4 除之能除尽者，则为闰年（或用 400 能除尽为整数者为闰年）。

3. 凡世纪年数（如 1800 年、1900 年）若先以 100 除之得整数，再以 4 除之不能除尽者，则不闰（或用 400 不能除尽者则不是闰年）。

显然 2000 年是闰年，2000 ~ 2031 年中，除 2000 年外不包含其他世纪年，所以公元年数能被 4 除尽得整数者皆为闰年，也就是说这年的 2 月有 29 天。

我们取 2000 年的年特征系数为 0，2001 年是平年，一年有 365 天。

$$365 \div 7 = 52 \cdots\cdots 1$$

$$0+1=1$$

所以取2001年的年特征系数为1，同理2002年是平年，一年有365天，所以取2002年的年特征系数为

$$1+1=2$$

2003年的年特征系数为

$$1+1+1=3$$

2004年是闰年，一年有366天。

$$366\div7=52\cdots\cdots2$$

所以取2004年的年特征系数为：

$$1+1+1+2=5$$

类似地，

2005年的年特征系数为：

$$1+1+1+2+1=6$$

2006年的年特征系数为：

$$1+1+1+2+1+1=7$$

就是星期日，故2006年的年特征系数为0。

2007年的年特征系数为：

$$0+1=1$$

2008年的年特征系数为：

$$1+2=3$$

2009年的年特征系数为：

$$1+2+1=4$$

2010年的年特征系数为：

$$1+2+1+1=5$$

阿瑟·本杰明总结出一种根据日历推算星期几的方法，首先给出2000～2031年年份特征系数表：

| 年份 | 特征系数 | 年份 | 特征系数 |
|---|---|---|---|
| 2000 | 0 | 2016 | 6 |
| 2001 | 1 | 2017 | 0 |
| 2002 | 2 | 2018 | 1 |
| 2003 | 3 | 2019 | 2 |
| 2004 | 5 | 2020 | 4 |
| 2005 | 6 | 2021 | 5 |
| 2006 | 0 | 2022 | 6 |
| 2007 | 1 | 2023 | 0 |

续表

| 年份 | 特征系数 | 年份 | 特征系数 |
|---|---|---|---|
| 2008 | 3 | 2024 | 2 |
| 2009 | 4 | 2025 | 3 |
| 2010 | 5 | 2026 | 4 |
| 2011 | 6 | 2027 | 5 |
| 2012 | 1 | 2028 | 0 |
| 2013 | 2 | 2029 | 1 |
| 2014 | 3 | 2030 | 2 |
| 2015 | 4 | 2031 | 3 |

要记住这些数字比较困难，所以本书编者将其总结成一个公式：

$$\text{年代特征数}=\left\{\text{公元年份数}-2\,000+\left[\frac{\text{公元年份数}-2\,000}{4}\right]\right\}\div 7\text{ 的余数}$$

本余数型仅适用于2000～2031年，方括号表示取整。

我们设一月的特征系数为$x$，而一月份有31天，也就是4个星期多3天，所以二月的特征系数为$x$+3除以7的余数；二月份既有28天，又有29天，所以平年三月的特征系数为$x$+3除以7的余数，闰年三月的特征系数为$x$+4除以7的余数；三月份有31天，也就是4个星期多3天，所以平年四月的特征系数为三月的特征系数加3除以7的余数，即$x$+6除以7的余数，闰年四月的特征系数为$x$+7除以7的余数，即$x$除以7的余数；四月有30天，也就是4个星期多2天，所以平年五月的特征系数为四月的特征系数加2除以7的余数，即$x$+8除以7的余数，闰年五月的特征系数$x$+9除以7的余数；五月份有31天，也就是4个星期多3天，所以平年六月的特征系数为五月的特征系数加3除以7的余数，即$x$+11除以7的余数，闰年六月的特征系数$x$+12除以7的余数；六月份有30天，也就是4个星期多2天，所以平年七月的特征系数为六月的特征系数加2除以7的余数，即$x$+13除以7的余数，闰年七月的特征系数为$x$+14除以7的余数；七月份有31天，也就是4个星期多3天，所以平年八月的特征系数为七月的特征系数加3除以7的余数，即$x$+16除以7的余数，闰年八月的特征系数为$x$+17除以7的余数；八月份有31天，也就是4个星期多3天，所以平年九月的特征系数为八月的特征系数加3除以7的余数，即$x$+19除以7的余数，闰年九月的特征系数为$x$+20除以7的余数；九月份有30天，也就是4个星期多2天，所以平年十月的特征系数为九月的特征系数加2除以7的余数，即$x$+21除以7的余数，闰年十月的特征系数为$x$+22除以7的余数；十月份有31天，也就是4个星期多3天，所以平年十一月的特征系数为十月的特征系数加3除以7的余数，即$x$+24除以7的余数，闰年十一月的特征系数为$x$+25除以7的余数；十一月有30天，也就是4个星期多2天，所以平年十二月的特征系数为十一月的特征系数加2除以7的余数，即$x$+26除以7的余数，闰年十二月的特征系数为$x$+27除以7的余数。

根据经验，闰年取

$$x=5$$

平年取

$$x=6$$

我们计算出各个月份的特征系数，得下表：

| 月份 | 平年月份的特征系数 | 闰年月份的特征系数 |
|---|---|---|
| 1 | 6 | 5 |
| 2 | 2 | 1 |
| 3 | 2 | 2 |
| 4 | 5 | 5 |
| 5 | 0 | 0 |
| 6 | 3 | 3 |
| 7 | 5 | 5 |
| 8 | 1 | 1 |
| 9 | 4 | 4 |
| 10 | 6 | 6 |
| 11 | 2 | 2 |
| 12 | 4 | 4 |

闰年一、二月份的特征系数比平年的少1，其余月份相同，下表不再列出。所以阿瑟·本杰明给出1～12月月份的特征系数表如下：

| 月份 | 平年月份的特征系数 | 闰年月份的特征系数 |
|---|---|---|
| 1 | 6 | 5 |
| 2 | 2 | 1 |
| 3 | 2 | |
| 4 | 5 | |
| 5 | 0 | |
| 6 | 3 | |
| 7 | 5 | |
| 8 | 1 | |
| 9 | 4 | |

续表

| 月份 | 平年月份的特征系数 | 闰年月份的特征系数 |
|---|---|---|
| 10 | 6 | |
| 11 | 2 | |
| 12 | 4 | |

$$星期数=\left(\frac{本天的号数+年份特征系数+月份特征系数}{7}\right)的模$$

例如:2000 年 3 月 19 日是星期几?

$$\begin{aligned}年份特征系数&=\left\{公元年份数-2\ 000+\left[\frac{公元年份数-2\ 000}{4}\right]\right\}\div 7\ 的模\\&=\left\{2\ 000-2\ 000+\left[\frac{2\ 000-2\ 000}{4}\right]\right\}\div 7\ 的模\\&=0\end{aligned}$$

本天的号数是 19。3 月份与闰年或平年无关,查上表知:月份特征系数为 2。

$$\begin{aligned}星期数&=\left(\frac{本天的号数+年份特征系数+月份特征系数}{7}\right)的模\\&=\left(\frac{19+0+2}{7}\right)的模\\&=0\end{aligned}$$

这一天是星期天。

例如:2025 年 3 月 14 日是星期几?

$$\begin{aligned}年份特征系数&=\left\{公元年份数-2\ 000+\left[\frac{公元年份数-2\ 000}{4}\right]\right\}\div 7\ 的模\\&=\left\{2\ 025-2\ 000+\left[\frac{2\ 025-2\ 000}{4}\right]\right\}\div 7\ 的模\\&=\left\{25+\left[\frac{25}{4}\right]\right\}\div 7\ 的模\\&=\{25+6\}\div 7\ 的模\\&=3\end{aligned}$$

本天的号数是 14。3 月份与闰年或平年无关,查上表知:月份特征系数为 2。

$$\begin{aligned}星期数&=\left(\frac{本天的号数+年份特征系数+月份特征系数}{7}\right)的模\\&=\left(\frac{14+3+2}{7}\right)的模\\&=5\end{aligned}$$

例如:2008 年 1 月 1 日是星期几?

$$年份特征系数=\left\{公元年份数-2\ 000+\left[\frac{公元年份数-2\ 000}{4}\right]\right\}\div 7\ 的模$$

$$=\left\{2\ 008-2\ 000+\left[\frac{2\ 008-2\ 000}{4}\right]\right\}\div 7\text{ 的模}$$

$$=\left\{8+\left[\frac{8}{4}\right]\right\}\div 7\text{ 的模}$$

$$=\{8+2\}\div 7\text{ 的模}$$

$$=3$$

注意 2008 年是闰年，则一、二月份特征系数要少 1，2008 年 1 月特征系数是 5。

$$\text{星期数}=\left(\frac{\text{本天的号数}+\text{年份特征系数}+\text{月份特征系数}}{7}\right)\text{的模}$$

$$=\left(\frac{1+3+5}{7}\right)\text{的模}$$

$$=2$$

例如：1776 年 7 月 4 日是星期几？

一年有 365 天 5 小时 48 分 46 秒，即 365.2422 天，一百年比一百平年多 24 天，但 100 年有 25 个闰年，但每过 100 年星期号必须减少 1。

$$2000-1776=224$$

$$224\div 100=2\cdots\cdots 24$$

所以超前 224 年，星期号必须增加 2。所以 1776 年的年特征数若按 2000 年的年特征系数来算，那么本天的号数是 4。

$$\text{年份特征系数}=\left\{\text{公元年份数}-2\ 000+\left[\frac{\text{公元年份数}-2\ 000}{4}\right]\right\}\div 7\text{ 的模}$$

$$=\left\{2\ 000-2\ 000+\left[\frac{2\ 000-2\ 000}{4}\right]\right\}\div 7\text{ 的模}$$

$$=\left\{0+\left[\frac{0}{4}\right]\right\}\div 7\text{ 的模}$$

$$=0$$

7 月的特征系数是 5。

$$\text{星期数}=\left(\frac{\text{本天的号数}+\text{年份特征系数}+\text{月份特征系数}}{7}\right)\text{的模}$$

$$=\left(\frac{4+0+5}{7}\right)\text{的模}$$

$$=2$$

但 224 年以前的这一天星期号必须加 2，所以是星期四。

## 月份牌的秘密

魔术师要观众在非二月某个固定月份牌的五个星期中任意圈出五天，但每个星期中仅能圈一天，只要报出这五天里有几个星期一、星期二……星期日，魔术师就可以知道五天日期相加的总和。

2011

August

| Sun. | Mon. | Tue. | Wed. | Thur. | Fri. | Sat. |
|---|---|---|---|---|---|---|
| | | 1 | 2 | 3 | 4 | 5 |
| 6 | 7 | 8 | 9 | 10 | 11 | 12 |
| 13 | 14 | 15 | 16 | 17 | 18 | 19 |
| 20 | 21 | 22 | 23 | 24 | 25 | 26 |
| 27 | 28 | 29 | 30 | 31 | | |

**魔术揭秘**

除二月外,每月 1 号星期几,这个月必有五个星期几,如 3 月 1 号是星期四,则这个月必有五个星期四。

设某月第一天为星期 $a$,我们假设观众圈定的五天都是星期 $a$,则五个星期 $a$ 的日期和为:

$$1+8+15+22+29=75$$

但实际上,这五天是相对星期 $a$ 有偏移的,设观众圈定的五天里,有 $b$ 个星期一、$c$ 个星期二、$d$ 个星期三、$e$ 个星期四、$f$ 个星期五、$g$ 个星期六、$h$ 个星期日,则意味着共偏移了

$$b(1-a)+c(2-a)+d(3-a)+e(4-a)+f(5-a)+g(6-a)+h(7-a)$$

天,则观众圈定的五天的日期相加的总和为:

$$s=75+b(1-a)+c(2-a)+d(3-a)+e(4-a)+f(5-a)+g(6-a)+h(7-a)$$

例如:观众圈定的五天是 2018 年 3 月的 1,8,13,21,31 号五天。这五天中有一个星期二、一个星期三、二个星期四、一个星期六,则:

$$b=0$$

$$c=1$$

$$d=1$$

$$e=2$$

$$f=0$$

$$g=1$$

$$h=0$$

注意 3 月 1 号是星期四,则 $a=4$,则观众圈定的五天的日期相加的总和为:

$$
\begin{aligned}
s &= 75+b(1-a)+c(2-a)+d(3-a)+e(4-a)+f(5-a)+g(6-a)+h(7-a) \\
&= 75+0\times(1-4)+1\times(2-4)+1\times(3-4)+2\times(4-4)+0\times(5-4)+1\times(6-4)+0\times(7-4) \\
&= 75+0-2-1+0+0+2+0 \\
&= 74
\end{aligned}
$$

实际上

$$1+8+13+21+31=74$$

推算与实际完全一致。

但二月是28天或29天，既可能有五个星期，又有可能有四个星期。所以我们尽量避开用2月份来做推算。

## 韩信点兵

韩信点兵又称为中国剩余定理，明代数学家程大位用诗歌概括了这一算法，他写道：三人同行七十稀，五树梅花廿一枝，七子团圆月正半，除百零五便得知。意思是说，被3除的余数乘以70，被5除的余数乘以21，被7除的余数乘以15，这些积之和减去若干个105，可以得到满足要求的最小数。若数比105大，我们可加上若干个105。

### 魔术揭秘

例如：士兵3人一排，结果多出2名，说明士兵数被3除余2。士兵5人一排，结果多出3名，说明士兵数被5除余3。士兵7人一排，结果又多出2名，说明士兵数被7除余2。

$$2\times70+3\times21+2\times15=233$$

233减去2个105，得满足这个余数要求的最小被除数为：

$$233-2\times105=23$$

我们可以将除数改变一下，由3，5，7变成7，11，13，此时如何求被除数？我们还从除数是3，5，7来分析：用3除所得的余数乘以70，加上用5除所得余数乘以21，再加上用7除所得的余数乘以15。那么70，21，15与3，5，7有何关系？

$$70\div3=23\cdots\cdots1$$

$$70\div5=14$$

$$70\div7=10$$

即70是5和7之积的某倍。

$$21\div3=7$$

$$21\div5=4\cdots\cdots1$$

$$21\div7=3$$

即21是3和7之积的某倍。

$$15\div3=5$$

$$15\div5=3$$

$$15\div7=2\cdots\cdots1$$

即15是3和5之积的某倍。

可见,70仅除3余1,除其他两个除数不余;21仅除5余1,除其他两个除数不余;15仅除7余1,除其他两个除数不余。这个规律提醒我们,把三个除数分开考虑,我们先求一个仅被这个除数除余1,被其他除数除不余的被除数,然后把三个这样求得的被除数乘以各自的余数,再求和,在一定范围内,这个和就是我们要求的被除数。

这样的被除数不唯一,加上三个除数的积,得到的新数也有相同的余数,所以求出的被除数只在一定范围内是唯一的。

我们根据这些规律,可求除数是3,4,5的余数与被除数的规律。

让观众想一个小于1 000的正整数,相继用3,4,5去除它,把3个余数告诉魔术师,很快就能说出观众想的数是什么,做到这一点其实并不难。魔术师只需把3个余数分别乘以“魔数”40,45,36,再把所得的积相加,从中尽量减去60的整数倍,得到的差就是观众所想的数。

一个被3除余1,被4和5除不余的数在4和5之积的倍数中找;一个被4除余1,被3和5除不余的数在3和5之积的倍数中找;一个被5除余1,被3和4除不余的数在3和4之积的倍数中找。

$$4\times5=20$$

$$20\div3=6\cdots\cdots2$$

$$20\times2=40$$

$$40\div3=13\cdots\cdots1$$

所以,3所对应的“魔数”是40。

$$3\times5=15$$

$$15\div4=3\cdots\cdots3$$

$$15\times2=30$$

$$30\div4=7\cdots\cdots2$$

$$15\times3=45$$

$$45\div4=11\cdots\cdots1$$

所以,4所对应的“魔数”是45。

$$3\times4=12$$

$$12\div5=2\cdots\cdots2$$

$$12\times2=24$$

$$24\div5=4\cdots\cdots4$$

$$12\times3=36$$

$$36\div5=7\cdots\cdots1$$

所以,5所对应的“魔数”是36。

$$3\times4\times5=60$$

因此

$$\text{被除数}=40\times\text{除 3 的余数}+45\times\text{除 4 的余数}+36\times\text{除 5 的余数}-3\times4\times5f$$
$$=40\times\text{除 3 的余数}+45\times\text{除 4 的余数}+36\times\text{除 5 的余数}-60f$$

其中

$$f=\left[\frac{40\times\text{除 3 的余数}+45\times\text{除 4 的余数}+36\times\text{除 5 的余数}}{60}\right]$$

这里方括号表示取整。

我们根据这些规律，也可求除数是 7，11，13 的余数与被除数的规律。

让观众想一个小于 1 000 的正整数，相继用 7，11，13 去除它，把 3 个余数告诉魔术师，魔术师只需把 3 个余数分别乘以“魔数”715，364，924，再把所得的积相加，从中尽量减去 1001 的整数倍，得到的差就是观众所想的数。一个被 7 除余 1，被 11 和 13 除不余的数在 11 和 13 之积的倍数中找；一个被 11 除余 1，被 7 和 13 除不余的数在 7 和 13 之积的倍数中找；一个被 13 除余 1，被 7 和 11 除不余的数在 7 和 11 之积的倍数中找。

$$11\times13=143$$
$$143\times2=286$$
$$143\times3=429$$
$$143\times4=572$$
$$143\times5=715$$
……

在 143，286，429，572，715，…中仅 715 除以 7 余 1。

$$7\times13=91$$
$$91\times2=182$$
$$91\times3=273$$
$$91\times4=364$$
$$91\times5=455$$
……

在 91，182，273，364，455，…中仅 364 除以 11 余 1。

$$7\times11=77$$
$$77\times2=154$$
$$77\times3=231$$
$$77\times4=308$$
$$77\times5=385$$
$$77\times6=462$$
$$77\times7=539$$
$$77\times8=616$$
$$77\times9=693$$
$$77\times10=770$$
$$77\times11=847$$

$$77\times12=924$$

……

在 77,154,770,847,924,…中,仅 924 除以 13 余 1。

$$7\times11\times13=1\ 001$$

因此

$$\begin{aligned}被除数&=715\times除7的余数+364\times除11的余数+924\times除13的余数-f\times7\times11\times13\\&=715\times除7的余数+364\times除11的余数+924\times除13的余数-1\ 001f\end{aligned}$$

其中

$$f=\left[\frac{715\times除7的余数+364\times除11的余数+924\times除13的余数}{1\ 001}\right]$$

这里方括号表示取整。

例如:一个数除以 7 余 3,除以 11 余 10,除以 13 余 9,求这个数。

$$715\times3+364\times10+924\times9=14\ 101$$

$$f=\left[\frac{14\ 101}{1\ 001}\right]=[14.0869]=14$$

$$14\ 101-14\times1\ 001=87$$

这个被除数是 87。

例如,一个数除以 7,11,13 后的余数分别是 5,6,3。

$$715\times5+364\times6+924\times3=8\ 531$$

$$8\ 531-8\times1\ 001=523$$

就是这个数。

## 数随你填

魔术师要求观众在一串数字 5[ ]383[ ]8[ ]2[ ]936[ ]5[ ]8[ ]203[ ]9[ ]3[ ]76 的十个中括号中随便填写 0,1,2,3,4,5,6,7,8,9 这十个数字,一个数字只能填写一次,顺序可以任意,然后让观众用得到的数字去除 396,结果魔术师说,得数一定是整数,经过验算,果然不错。

例如:

$$5\ 038\ 318\ 223\ 936\ 455\ 862\ 037\ 983\ 976\div396$$
$$=12\ 723\ 025\ 818\ 021\ 353\ 186\ 964\ 606$$
$$5\ 138\ 329\ 324\ 936\ 556\ 872\ 038\ 993\ 076\div396$$
$$=12\ 975\ 576\ 578\ 122\ 618\ 363\ 734\ 831$$

无论试多少次,结论都对。这是为什么?

### 魔术揭秘

注意所有的括号都在奇数位上,偶数位一个也没有,所以偶数位的数字和可以直接求出来，28 位数中有 14 个在偶数位上，这些数字和为：

$$5+3+3+8+2+9+6+5+8+2+3+9+3+7=73$$

奇数位上的数看起来有不确定性，实际是确定的，我们求奇数位上的数字和，并不管 0，1，2，3，4，5，6，7，8，9 这十个数具体在什么位置，只要在奇数位就可以算出奇数位上的数字和：

$$8+3+0+6+(0+1+2+3+4+5+6+7+8+9)=62$$

而

$$73-62=11$$

说明这种特定的 28 位数可以被 11 整除。这 28 位数各个位上的数字和为

$$73+62=135$$

135 可以被 9 整除，这说明这种特定的 28 位数可以被 9 整除。

我们知道

$$76\div4=19$$

$$100\div4=25$$

即 76 可以被 4 整除，百位以上 26 位数乘以 100 后可以被 4 整除。

而

$$28\text{ 位数}=\text{百位以上 }26\text{ 位数}\times100+76$$

则这种特定的 28 位数必能被 4 整除。

我们看

$$11\times9\times4=396$$

所以这种特定的 28 位数必能被 396 整除。

## 巧猜年龄与口袋里的钱

魔术师说："我能猜出你今年多少岁，口袋里有多少零钱（零钱不超过 10 元），你说怪不怪？把你的年龄乘以 2，加上 5，把所得之数再乘以 50，加上你口袋里的零钱数（要以'角'为单位），再减去一年（平年）的天数，然后把最后的得数告诉我。"

观众想：他今年 35 岁，他口袋里的零钱有 7 元 6 角，从这两个数出发，按照上面的算法，相继得到以下的一系列数字：

$$35\times2=70$$

$$70+5=75$$

$$75\times50=3\ 750$$

$$3\ 750+76=3\ 826$$

$$3\ 826-365=3\ 461$$

观众说："最后得数是 3 461，你说年龄和零钱数是多少？"想不到他的话音刚落，魔术师就立即回答："你是 35 岁，口袋里有零钱 7 元 6 角！"

你们能猜出其中的奥妙吗?

原来这个游戏有个秘诀,我只要把最后的得数加上115,得数的末两位数就是口袋中的零钱数,前面剩余的数即为观众的年龄。

### 魔术揭秘

设观众的年龄是$x$岁,口袋里的零钱数是$y$,计算结果为$z$,$z$是已知值,则依题意,有

$$(2x+5)\times 50+y-365=z$$

即

$$100x+y=z+115$$

## 新年晚会开得真热闹

魔术师说:"我给大家表演一个数学魔术,请观众朋友们做一道题,只要告诉我结果,我就可以猜出年龄。"大家都有些半信半疑,能这么神奇吗?

魔术师接着说:"请大家配合一下,现在我就来猜大家的年龄。请大家把自己的年龄乘以2,减去4,再除以2,最后把得数告诉我。"

一位观众首先报出结果:"29。"魔术师微微一笑,说:"你今年31岁。"观众点了点头。

另一位观众说:"8。"魔术师快速地回答:"你今年10岁,对吗?"

魔术师又说:"我还能猜出你们的年龄和生日呢,大家还愿意配合吗?"

"愿意!"大家异口同声地说。

"请用2乘以你出生的月份,加上200与你的出生日期的乘积,用求得的和减去200后再乘以50,最后加上你的年龄,把这个结果告诉我。"魔术师一边说,一边把计算方法写在了旁边的木板上。

$$(\text{出生月份}\times 2+\text{出生日期}\times 200-200)\times 50+\text{年龄}=y$$

一位观众说:"90 909。"

魔术师立刻说:"你今年9岁,生日是9月10日。"

另一位观众说:"506。"

"你今年6岁,5月1日国际劳动节出生的。"魔术师笑着说。

### 魔术揭秘

设计算结果是$y$,

$$y=(\text{年龄}\times 2-4)\div 2$$

$$=\text{年龄}-2$$

$$\text{年龄}=y+2$$

魔术师猜测年龄和生日的窍门如下:

$$y=(\text{出生月份}\times2+\text{出生日期}\times200-200)\times50+\text{年龄}$$
$$=\text{出生月份}\times100+\text{出生日期}\times10\ 000-10\ 000+\text{年龄}$$
$$=\text{出生月份}\times100+(\text{出生日期}-1)\times10\ 000+\text{年龄}$$

显然,年龄在个位和十位,出生月份在百位和千位,出生日期在万位和十万位,但出生日期要比万位以上的数大1,所以从计算结果可看出年龄、出生月份和出生日期。

## 猜生日魔术

魔术师:这个计算器你拿着。首先,请你按下自己的出生月份,但是不要让我看到!

女同事:好了。

魔术师:接下来将这个数字乘以4,得出来的答案再加上9,好了吗?

女同事:好了。

魔术师:接着再将所得出来的答案乘以25,最后再加上你的出生日期。好了吗?告诉我答案。

女同事:好了,是850。

魔术师:你是巨蟹座,很顾家的!

女同事:你怎么知道?

魔术师:不仅如此,我还知道你的生日是6月25日。

例如:假设观众的生日是6月25日,计算过程如下。

$$6(\text{月份})\times4=24$$
$$24+9=33$$
$$33\times25=825$$
$$825+25(\text{出生日期})=850$$

这是观众最后算出来的答案。

$$850-225=625(6\text{ 月 }25\text{ 日})$$

### 魔术揭秘

设生日是$a$月$b$日,

$$(4a+9)\times25+b=y$$

也就是:

$$100a+225+b=y$$

化简得:

$$100a+b=y-225$$

所以$y-225$的十位和个位就是生日,$y-225$的百位以上就是月份。

在上题中,

$$y=850$$

$$y-225=625$$

所以此人的生日是6月25日。

## 猜生日和鞋号

魔术师说:“在座的各位观众,只要告诉我一个数,我便知道你的鞋子的大小和年龄。”“随便说一个数吗?”人们问。“自然要与你自身有关系的。”魔术师说,“将自己的鞋子的尺码(整数)乘以2,再加上39,然后乘以50,再加上56,最后减去自己的出生年份。”一位观众听后迅速地计算着,他鞋码25,1983年生,按要求计算是:

$$\begin{aligned}&(25\times2+39)\times50+56-1\ 983\\&=4\ 450+56-1\ 983\\&=2\ 523\end{aligned}$$

观众将这个数报出以后,魔术师立即告诉他:今年23岁,鞋码25。接着一些人纷纷报出结果,魔术师都一一猜中,无一失误。你知道这是为什么吗?

注:此魔术表演当年为2006年。

### 魔术揭秘

设鞋号为$x$,出生年份是$1\ 900+y$,那么今年年份减去出生年份就是你的年龄,则

$$\text{年龄}=\text{今年年份}-1\ 900-y$$

为了增加神秘性,我们再增加一个数

$$50\times39=1\ 950$$

为了数据不变,我们再减去1 950,得

$$\text{年龄}=50\times39+\text{今年年号}-1\ 950-1\ 900-y$$

一般人基本上是两位数,100岁以上(含100岁)的人是三位数,10岁以下(不含10岁)为个位数,此魔术不计算100岁以上和10岁以下的人的年龄,所以结果是一个两位数。

鞋号要与年龄区别,就不能占计算结果的末两位,所以我们让鞋号占结果的三、四位,要达到这一目的,我们在鞋号后边添两个0,也就是让鞋号乘以100。鞋号是未知数$x$,则

$$100x=50\times2x$$

把鞋号的百倍与年龄加在一起,得:

$$\begin{aligned}&100x+\text{年龄}\\&=50\times2x+50\times39+\text{今年年份}-1\ 950-1\ 900-y\\&=50(2x+39)+(\text{今年年份}-1\ 950)-1\ 900-y\end{aligned}$$

所以有

$$50(2x+39)+(\text{今年年份}-1\ 950)-1\ 900-y=100x+\text{年龄}$$

上边例题是2006年的公式，所以有

$$50(2x+39)+(2\ 006-1\ 950)-1\ 900-y=100x+\text{年龄}$$

也就是

$$50(2x+39)+56-1\ 900-y=100x+\text{年龄}$$

为了增加神秘性，我们可先把今年年份代进去，使

$$\text{今年年份}-1\ 950$$

变成一个具体数。别人对不见来由的数据会感到迷惑不解，达到神秘的目的。

我们给出2018年计算鞋号和年龄的模型，把今年年份换成2018，得：

$$50(2x+39)+68-1\ 900-y=100x+\text{年龄}$$

此模型仅对2018年适用。而公式

$$50(2x+39)+(\text{今年年份}-1\ 950)-1\ 900-y=100x+\text{年龄}$$

适用一切时间。

## 智猜生日

魔术师请2000年以前出生的观众按下式计算：

$$[(\text{生日}\times20+222)\times5+\text{生月}]\times100+\text{生年}-1\ 789-111\ 111$$
$$=abcdef$$

魔术师请2000年以后出生的观众按下式计算：

$$[(\text{生日}\times20+222)\times5+\text{生月}]\times100+\text{生年}-1\ 789-111\ 211$$
$$=abcdef$$

即生日在2000年以前用结果减去111 111，生日在2000年以后用结果减去111 211。

魔术师最后看结果就能知道观众的生日。

### 魔术揭秘

其实

$$[(\text{生日}\times20+222)\times5+\text{生月}]\times100+\text{生年}-1\ 789-111\ 111$$
$$=10\ 000\times\text{生日}+111\ 000+100\times\text{生月}+\text{生年}-1\ 789-111\ 111$$
$$=10\ 000\times\text{生日}-2\ 000+100\times\text{生月}+\text{生年}$$
$$=10\ 000\times\text{生日}+100\times\text{生月}+(\text{生年}-1\ 900)$$
$$=abcdef$$

$$[(\text{生日}\times20+222)\times5+\text{生月}]\times100+\text{生年}-1\ 789-111\ 211$$
$$=10\ 000\times\text{生日}+111\ 000+100\times\text{生月}+\text{生年}-1\ 789-111\ 211$$
$$=10\ 000\times\text{生日}-1\ 900+100\times\text{生月}+\text{生年}$$
$$=10\ 000\times\text{生日}+100\times\text{生月}+(\text{生年}-2\ 000)$$
$$=abcdef$$

可见结果倒着读，结果是 6 位数，后两位是生年，中间两位是生月，前两位是生日。

例如：观众是 1967 年 7 月 26 日生，则

$$[(26\times20+222)\times5+7]\times100+1\ 967-1\ 789-111\ 111$$
$$=371\ 878-111\ 111$$
$$=260\ 767$$

此数最后两位 67 告诉出生年份是 67 年，此数中间两位 07 告诉出生月份是 7 月，此数前两位 26 告诉出生日期是 26 号。

## 余数猜生日的魔术

魔术师让观众用自己的生日月份乘以 31，日期乘以 12，再把两个乘积加起来，把得数告诉魔术师，魔术师就能知道观众的生日了。

### 魔术揭秘

设观众的生日是 $x$ 月 $y$ 日，他的计算结果

$$s=31x+12y$$

这是一个不定方程。用解方程的方法虽然可以求出 $x$ 和 $y$，但是过程非常烦琐。下面介绍一个比较简单的方法。

第一步，确定生日月份 $x$：求出 $s\div3$ 的余数 $a$ 和 $s\div4$ 的余数 $b$。

$$s=31x+12y$$

其中，因 $12y$ 含 12 这个因子，12 中含 3 和 4 这个因子，所以 $s$ 除以 3 和除以 4 的余数与 $12y$ 无关，所以我们不考虑 $12y$，令

$$y=0$$

则

$$s=31x$$

取

$$x=1$$

则

$$s=31$$
$$s\div3=31\div3=10\cdots\cdots1$$
$$s\div4=31\div4=7\cdots\cdots3$$

所以有

| 除以 3 的余数 | 除以 4 的余数 | 生日的月份 $x$ |
| --- | --- | --- |
| 1 | 3 | 1 |

我们用类似的方法求出其余 11 个月的月份与余数的数据，这里一一去求。

$s$ 的余数分布与月份 $x$ 的关系有以下几种：

| 除以 3 的余数 $a$ | 除以 4 的余数 $b$ | 生日月份 $x$ |
|---|---|---|
| 0 | 1 | 3 |
| 0 | 3 | 9 |
| 1 | 1 | 7 |
| 1 | 3 | 1 |
| 2 | 1 | 11 |
| 2 | 3 | 5 |
| 0 | 0 | 12 |
| 0 | 2 | 6 |
| 1 | 0 | 4 |
| 1 | 2 | 10 |
| 2 | 0 | 8 |
| 2 | 2 | 2 |

写成一个式子是

$$x=4a+3b+12f$$

其中

$$f=\begin{cases}-1,\\0,\\1\end{cases}$$

$x$ 的值满足

$$1\leqslant 4a+3b+12f\leqslant 12$$

第二步,确定生日日期 $y$:

$$y=(s-31x)\div 12$$

例如:观众算出的数 $s=347$,347 除以 3 余 2,347 除以 4 余 3,则

$$a=2,b=3$$

$$\begin{aligned}x&=4a+3b+12f\\&=4\times2+3\times3+12f\\&=17+12f\end{aligned}$$

显然,只有 $f=-1$,$x$ 才能在 1 到 12 之间,则

$$\begin{aligned}x&=17+12f\\&=17-12\\&=5\end{aligned}$$

$$\begin{aligned}y&=(s-31x)\div12\\&=(347-31\times5)\div12\\&=16\end{aligned}$$

即这个人的生日是 5 月 16 日。

例如:观众算出的数 $s=672$,672 除以 3 余 0,672 除以 4 余 0,所以

$$\begin{aligned} x &= 4a+3b+12f \\ &= 4\times0+3\times0+12f \\ &= 12f \end{aligned}$$

显然$f=1$,则

$$x=12$$

$$y=(672-31\times12)\div12=25$$

他的生日是12月25日。

## 方程法猜生日的魔术

魔术师让观众用自己的生日月份乘以11,日期乘以13,再把两个乘积加起来,把得数告诉魔术师,魔术师就能知道他的生日了。

### 魔术揭秘

设观众的生日是$x$月$y$日,他的计算结果$z$为

$$z=11x+13y$$

这是一个不定方程。用解不定方程的方法虽然可以求出$x$和$y$,但是过程非常烦琐。下面介绍一个比较简单的确定方程的方法:

| 月份$x$ | $11x$ | $11x$除以13的余数 | 余数的奇偶 | 余数与月份$x$对应的规律 |
|---|---|---|---|---|
| 1 | 11 | 11 | 奇 | $13-2x$ |
| 2 | 22 | 9 | 奇 | $13-2x$ |
| 3 | 33 | 7 | 奇 | $13-2x$ |
| 4 | 44 | 5 | 奇 | $13-2x$ |
| 5 | 55 | 3 | 奇 | $13-2x$ |
| 6 | 66 | 1 | 奇 | $13-2x$ |
| 7 | 77 | 12 | 偶 | $26-2x$ |
| 8 | 88 | 10 | 偶 | $26-2x$ |
| 9 | 99 | 8 | 偶 | $26-2x$ |
| 10 | 110 | 6 | 偶 | $26-2x$ |
| 11 | 121 | 4 | 偶 | $26-2x$ |
| 12 | 132 | 2 | 偶 | $26-2x$ |

注意计算式

$$z=11x+13y$$

所以 $z$ 除以 13 的余数就是 $11x$ 与 13 的余数。

当 $z$ 除以 13 的余数是奇数时，我们利用

$$13-2x=z \text{ 除以 13 的余数}$$

可求月份 $x$。

当 $z$ 除以 13 的余数是偶数时，我们利用

$$26-2x=z \text{ 除以 13 的余数}$$

可求月份 $x$。

知道月份后，利用

$$z=11x+13y$$

可求得

$$y=\frac{z-11x}{13}$$

从而观众的生日和月份全求出。

例如：观众的生日与月份利用

$$z=11x+13y$$

计算的结果是 $z=454$，454 除以 13 的余数是 12，这是一个偶数，则有

$$26-2x=12$$

解得 $x=7$，由

$$y=\frac{z-11x}{13}$$

可得

$$\begin{aligned} y &=\frac{z-11x}{13} \\ &=\frac{454-11\times 7}{13} \\ &=29 \end{aligned}$$

即观众是 7 月 29 日生。

例如：观众的生日与月份利用

$$z=11x+13y$$

计算的结果是 $z=263$，263 除以 13 的余数是 3，这是一个奇数，则有

$$13-2x=3$$

解得 $x=5$，由

$$y=\frac{z-11x}{13}$$

可得

$$y=\frac{z-11x}{13}$$

$$=\frac{263-11\times 5}{13}$$

$$=16$$

即观众的生日是5月16日。

## 剩余定理法猜生日

我们中国有个韩信点兵的故事，在数学上叫剩余定理，本书作者根据剩余定理的原理提出了一个猜生日的魔术。

让观众用自己的生日月份乘以31，日期乘以63，再把两个乘积加起来，把得数告诉魔术师，魔术师就能知道他的生日了。

### 魔术揭秘

设观众的生日是 $x$ 月 $y$ 日，他的计算结果 $z$ 为

$$z=31x+63y$$

魔术师根据剩余定理提出：

$$x=2s+\frac{28\times z\text{ 除以 9 的余数}+36\times z\text{ 除以 7 的余数}+s}{31}$$

$s$ 是使 $x$ 取最小非负整数的一个待定整常数，$-3\leqslant s\leqslant 5$。

有了 $x$，我们根据

$$z=31x+63y$$

可得到：

$$y=\frac{z-31x}{63}$$

例如：一个人的生日月份乘以31，日期乘以63，再把两个乘积加起来，结果为 $z=2\ 042$，计算此人的生日。

$$2\ 042\div 9=226\cdots\cdots 8$$

$$2\ 042\div 7=291\cdots\cdots 5$$

则

$$\begin{aligned}x&=2s+\frac{28\times z\text{ 除以 9 的余数}+36\times z\text{ 除以 7 的余数}+s}{31}\\&=2s+\frac{28\times 8+36\times 5+s}{31}\\&=2s+\frac{404+s}{31}\\&=2s+13+\frac{1+s}{31}\end{aligned}$$

要使 $x$ 取最小正整数，唯有$\frac{1+s}{31}$取最小非负整数，但$-3\leqslant s\leqslant 5$，则 $s=-1$，那么

$$\begin{aligned} x &= 2s+13+\frac{1+s}{31} \\ &= 2\times(-1)+13+\frac{1-1}{31} \\ &= -2+13 \\ &= 11 \end{aligned}$$

那么

$$\begin{aligned} y &= \frac{z-31x}{63} \\ &= \frac{2042-31\times 11}{63} \\ &= 27 \end{aligned}$$

则此人的生日为 11 月 27 日。

例如：一个人的生日月份乘以 31，日期乘以 63，再把两个乘积加起来，结果为 $z=1\ 604$，计算此人的生日。

$$1\ 604\div 9=178\cdots\cdots 2$$

$$1\ 604\div 7=229\cdots\cdots 1$$

$$\begin{aligned} x &= 2s+\frac{28\times z\text{ 除以 9 的余数}+36\times z\text{ 除以 7 的余数}+s}{31} \\ &= 2s+\frac{28\times 2+36\times 1+s}{31} \\ &= 2s+\frac{92+s}{31} \\ &= 2s+2+\frac{30+s}{31} \end{aligned}$$

要使 $x$ 取最小正整数，唯有$\frac{30+s}{31}$取最小非负整数，但$-3\leqslant s\leqslant 5$，则 $s=1$，那么

$$\begin{aligned} x &= 2s+2+\frac{30+s}{31} \\ &= 2\times 1+2+1 \\ &= 5 \end{aligned}$$

$$\begin{aligned} y &= \frac{z-31x}{63} \\ &= \frac{1\ 604-31\times 5}{63} \\ &= 23 \end{aligned}$$

则此人的生日为 5 月 23 日。

例如：一个人的生日月份乘以 31，日期乘以 63，再把两个乘积加起来，结果为 $z=1\ 569$，计算此人的生日。

$$1\ 569\div 9=174\cdots\cdots 3$$

$$1\ 569\div 7=224\cdots\cdots 1$$

$$\begin{aligned} x &= 2s+\frac{28\times z\text{ 除以 9 的余数}+36\times z\text{ 除以 7 的余数}+s}{31} \\ &= 2s+\frac{28\times 3+36\times 1+s}{31} \\ &= 2s+\frac{120+s}{31} \\ &= 2s+3+\frac{27+s}{31} \end{aligned}$$

要使 $x$ 取最小正整数，唯有$\frac{27+s}{31}$取最小非负整数，但$-3\leqslant s\leqslant 5$，则 $s=4$，那么

$$\begin{aligned} x &= 2s+3+\frac{27+s}{31} \\ &= 2\times 4+3+1 \\ &= 12 \\ y &= \frac{z-31x}{63} \\ &= \frac{1\ 569-31\times 12}{63} \\ &= 19 \end{aligned}$$

则此人的生日为 12 月 19 日。

## 猜猜他出生于哪年、哪月、哪日

魔术师让观众用 612 乘以他的生日年份，用 37 乘以他的生日月份，用 18 乘以他的生日日期，再把得到的三个乘积加起来，然后，把得数 $N$ 告诉魔术师。如果用 $x,y,z$ 分别表示他的出生年份、月份、日期，就有：

$$N=612x+37y+18z$$

魔术师根据这个数 $N$，就可以猜出他生于哪年、哪月、哪日了。

### 魔术揭秘

第一步：求 $N$ 的各位数字和 $A$，并寻找 $A$ 与 $N$ 之间的关系。

$N$ 一般是四位数，把 $N$ 的各位数字加起来，再把得数的各位数字加起来，照这样，一直加到得数是一位数 $A$ 为止；一个数除以 9 的余数等同于这个数各位上的数字加起来的和除以 9 的余数，如一个四位数，

$$\begin{aligned}abcd\div 9&=(1\,000a+100b+10c+d)\div 9\\&=(999a+a+99b+b+9c+c+d)\div 9\\&=[(999a+99b+9c)+(a+b+c+d)]\div 9\\&=[9(111a+11b+c)+(a+b+c+d)]\div 9\\&=(111a+11b+c)+(a+b+c+d)\div 9\end{aligned}$$

因而

$$(abcd\div 9)\text{的余数}=[(a+b+c+d)\div 9]\text{的余数}$$

$a+b+c+d$ 可能是二位数或一位数,若是二位数,它除以 9 的的余数等同于这个数各位上的数字加起来的和除以 9 的余数,所以还继续把各位上的数字加起来,用和 $A$ 除以 9 求余数。总之有

$$(N\div 9)\text{的余数}=(A\div 9)\text{的余数}$$

第二步:求 $y$

$$N=612x+37y+18z$$

其中,

$$612\div 9=68$$

$$37\div 9=4\cdots\cdots 1$$

$$18\div 9=2$$

所以,一旦 $N$ 除以 9 有余数,必是 $37y$ 除以 9 有余数。而 $37y$ 除以 9 有余数,即可能是 $37y$ 除以 9 有余数,也可能是 $y$ 除以 9 有余数,这与 $y$ 的奇偶有关。当 $y$ 是偶数时,$37y$ 必是偶数,则 $N$ 是偶数;当 $y$ 是奇数时,$37y$ 必是奇数,则 $N$ 是奇数。所以,反过来,$N$ 是奇数,说明 $y$ 是奇数;$N$ 是偶数,说明 $y$ 是偶数。

$$\begin{aligned}&37y\div 9\\&=(36y+y)\div 9\\&=4y+y\div 9\end{aligned}$$

则

$$(37y\div 9)\text{的余数}=(y\div 9)\text{的余数}$$

也就是

$$(N\div 9)\text{的余数}=(y\div 9)\text{的余数}$$

注意 $A$ 是一位数,

$$\begin{aligned}&(N\div 9)\text{的余数}\\&=(N\text{的各位数字之和直到得数为一位数}\div 9)\text{的余数}\\&=(A\div 9)\text{的余数}\\&=A\end{aligned}$$

则

$$(y\div 9)\text{的余数}=A$$

$y$ 有 12 个值:1,2,3,4,5,6,7,8,9,10,11,12,$A$ 有 9 个值:1,2,3,4,5,6,7,8,9。

$y$ 有以下两种情况,当 $y\leqslant 9$ 时,因

$$(y \div 9)\text{的余数}=A$$

必有

$$y=A$$

此时 $y$ 的奇偶与 $A$ 完全相同。

当 $y>9$ 时，$y$ 有三个值:10,11,12,

当 $y=10$ 时,因

$$(y \div 9)\text{的余数}=A$$

即

$$(10 \div 9)\text{的余数}=A$$

即

$$A=1$$

当 $y=11$ 时,因

$$(y \div 9)\text{的余数}=A$$

即

$$(11 \div 9)\text{的余数}=A$$

即

$$A=2$$

当 $y=12$ 时,因

$$(y \div 9)\text{的余数}=A$$

即

$$(12 \div 9)\text{的余数}=A$$

即

$$A=3$$

显然有

$$y=A+9$$

此时 $y$ 的奇偶与 $A$ 完全相反。$y$ 的奇偶也就是 $N$ 的奇偶。所以,我们说:如果 $A$ 和 $N$ 都是奇数或偶数,$A$ 就是 $y$;如果 $A$ 和 $N$ 一个是奇数一个是偶数,$y$ 就等于 $A+9$。

第三步:求年份 $x$ 和日期 $z$。

因

$$N=612x+37y+18z$$

则

$$N-37y=612x+18z$$

也就是

$$(N-37y) \div 18=34x+z$$

两边同除以 34,得

$$(N-37y) \div 18 \div 34=x \cdots\cdots z$$

所以,求出 $(N-37y) \div 18$ 的商,再用 34 除这个商,最后得到的商数就是 $x$,余数就是 $z$。

例如：观众告诉魔术师 $N=1\ 198\ 974$。

第一步：

$$1+1+9+8+9+7+4=39$$

$$3+9=12$$

$$1+2=3$$

$$A=3$$

第二步：$A=3$ 是奇数，$N=1\ 198\ 974$ 是偶数，则 $y=3+9=12$，即这位观众 12 月生。

第三步：

$$(1\ 198\ 974-37\times12)\div18=66\ 585$$

$$66\ 585\div34=1\ 958\cdots\cdots13$$

$$x=1\ 958, z=13$$

观众生于 1958 年 12 月 13 日。

例如：观众告诉魔术师 $N=1\ 214\ 697$。

第一步：

$$1+2+1+4+6+9+7=30$$

$$3+0=3$$

$$A=3$$

第二步：$A=3$ 是奇数，$N=1\ 214\ 697$ 也是奇数，则

$$y=3$$

第三步：

$$(1\ 214\ 697-37\times3)\div18=67\ 477$$

$$67\ 477\div34=1\ 984\cdots\cdots21$$

$$x=1\ 984$$

$$z=21$$

观众生于 1984 年 3 月 21 日。

这个魔术很难被观众识破，效果非常好。不过，由于计算量较大，为了确保计算正确，最好使用计算器。

## 胸有成竹

魔术师将一副扑克交给观众，向观众讲清魔术规则后离开现场。

观众从整副扑克中任意抽出一张牌，比如红桃 Q。观众将抽出的这张牌的点数 12 乘以 2，再加上 3，再乘以 5，最后再加上 7，计算结果为：

$$(12\times2+3)\times5+7=142$$

按照规定，根据这张牌的花色再加上一个数，即红桃加上 1，黑桃加上 2，方块加上 3，梅花加上 4，因为观众抽出的是红桃，所以加上 1，即

$$142+1=143$$

观众将魔术师召回现场，将计算结果 143 告诉他，魔术师立即回答：观众抽的牌是红桃 Q。

### 魔术揭秘

设观众抽出的牌的点数为 $x$，那么点数 $x$ 乘以 2，再加上 3，再乘以 5，最后再加上 7，其结果为：

$$(x\times2+3)\times5+7=10x+22$$

再加上花色数 $s$，得

$$(x\times2+3)\times5+7+s=10x+22+s$$

设计算结果为 $w$，则

$$10x+22+s=w$$

即

$$10x+s=w-22$$

我们从结果中减去 22 后，得到的数的个位是这张牌花色的点数，十位以上的数是这张牌的点数。

例如

$$143-22=121$$

个位数是 1，说明花色是红桃，十位以上的数是 12，即 Q，所以这张牌的点数是 Q，故这张牌是红桃 Q。

## 巧算花点

魔术师对观众说："从扑克牌中抽出一张，把点数加倍，加上 3，再乘以 5，如果花色是梅花，加上 1；如果花色是方块，加上 2；如果花色是红桃，加上 3；如果花色是黑桃，加上 4。只要把计算结果告诉我，我就知道这张牌的花色和点数。"然后魔术师把扑克放到观众面前让观众抽牌，观众从中抽了一张牌，经过计算后说："149。"魔术师说："黑桃 K。"

魔术师是如何算出来的？

### 魔术揭秘

设点数为 $x$，最后结果是 $y$，这是已知数，如果不考虑花色，则有 $(2x+3)\times5$，这个数一定是 5 的倍数，所以 $y\div5$ 的余数必为 1，2，3，4 中之一，这样我们就确定了这张扑克牌的花色。令

$$(2x+3)\times5=\left[\frac{y}{5}\right]\times5$$

方括号表示数字取整，从而我们求得点数 $x$。

我们以计算结果 149 为例。

$$149 \div 5 = 29 \cdots\cdots 4$$

由于余数是 4,花色是黑桃。

$$(2x+3) \times 5 = \left[\frac{149}{5}\right] \times 5$$
$$= [29.8] \times 5$$
$$= 29 \times 5$$
$$= 145$$

则

$$(2x+3) \times 5 = 145$$
$$x = 13$$

## 巧算两张扑克牌

魔术师手拿一副扑克牌,选取各花色 1 到 9 点,共 36 张纸牌,然后请一位观众上台,随意抽出两张,比如抽出的是 2 和 8,然后请观众把这两张牌的点数排成一个两位数,但是这个数字不能让魔术师知晓,魔术师让观众将这个数、个位数、十位数三者加在一起,报上计算结果,魔术师可猜出这个两位数。

### 魔术揭秘

设观众抽取的两张牌分别为 $x$ 和 $y$,观众将它们排成两位数 $xy$,即 $10x+y$,那么分别加上它们的个位数字和十位数字之后,该代数式就变成了

$$xy+x+y$$
$$=10x+y+x+y$$
$$=11x+2y$$

设这个计算结果为 $z$,则

$$z=11x+2y$$
$$x=\frac{z-2y}{11}$$

我们根据 $z$ 的大小来决定 $x$ 的大小。

例如:$z=38$,则

$$11x+2y=38$$

魔术的关键是找出二元一次方程

$$11x+2y=38$$

的整数解,若先求 $x$ 的值,则可以将方程整理成下面的表达式:

$$x=\frac{38-2y}{11}$$

$$=2+\frac{16-2y}{11}$$

取 $x=2$ 作十位数，再求 $y$ 的整数解，令

$$16-2y=0$$

解得

$$y=8$$

因此解出的答案就是 28。

一般情形下，取

$$x=m+\frac{n-2y}{11}$$

$n$ 是一个小于 20 的数，究竟取几，还是取十几，没有定论，我们无法决定时，二者都试一下，看哪个使 $y$ 有整数解。

例如：$z=24$，则

$$11x+2y=24$$

$$x=2+\frac{2-2y}{11}$$

$y=1$ 就是整数解，若取

$$x=1+\frac{13-2y}{11}$$

解得

$$y=1$$

因此解出的答案就是 21。

例如：$z=93$，则

$$11x+2y=93$$

取

$$x=7+\frac{16-2y}{11}$$

则

$$y=8$$

若取

$$x=8+\frac{5-2y}{11}$$

显然 $y$ 无整数解。因此解出的答案就是 78。

## 八仙过海

这是一个古老的游戏，原来的名字叫作“八仙过海”。奇妙的是，其中的“诀窍”却是

现代电子计算机的二进制。

取算术游戏子(扑克或纸片)1,2,3,4,5,6,7,8 共八枚,按下图放置。

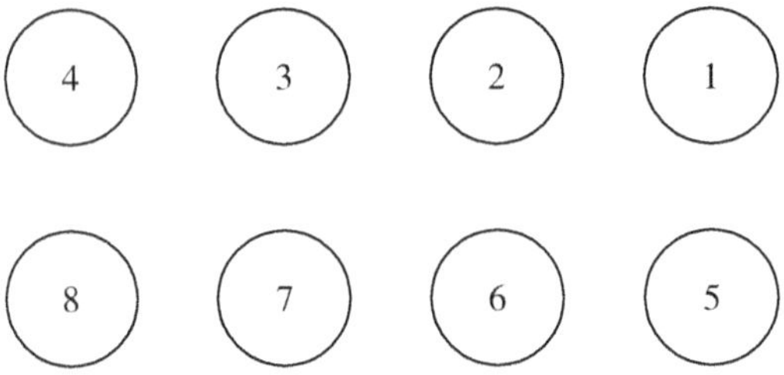


魔术师请观众(可以同时有几位观众参与)默记某一数字,但不要说出来,只要告诉魔术师他心中记的数字在第一排还是第二排就可以了。

魔术师按下图所示的顺序把游戏子收起来。

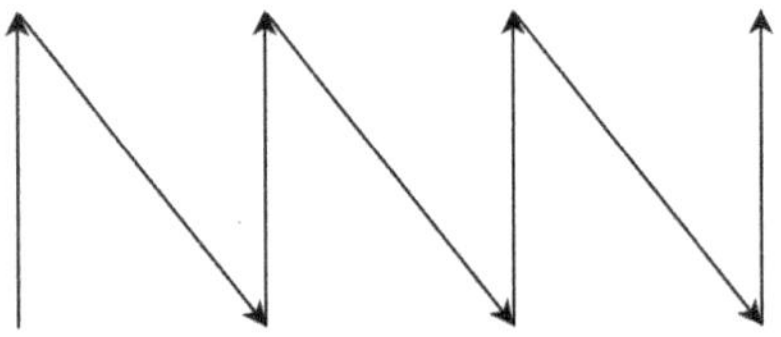

再按下图所示的顺序摊放开,排序是先收的就后放。

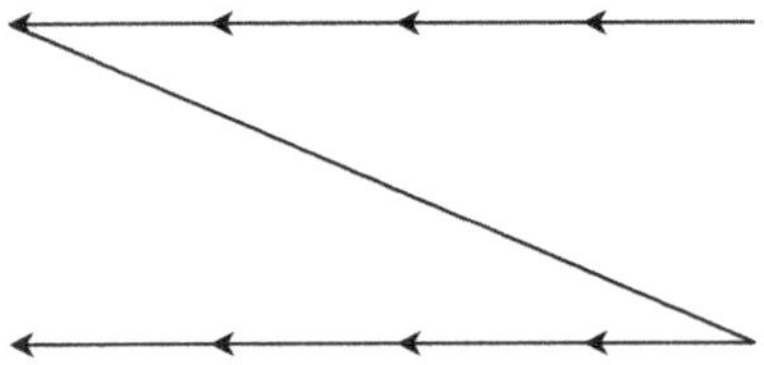

于是就成了下图:

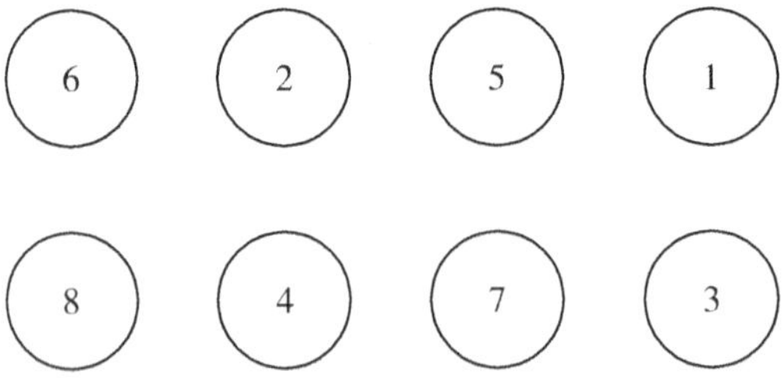


魔术师请观众再讲一次在第一排还是第二排。魔术师再按下图所示的顺序把游戏子收起来。

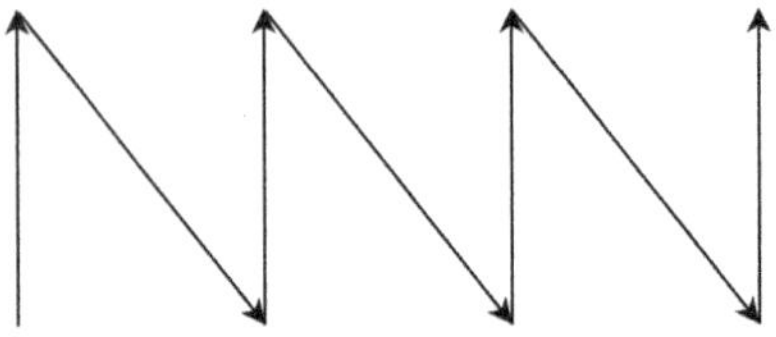

再按下图所示的顺序摊放开。

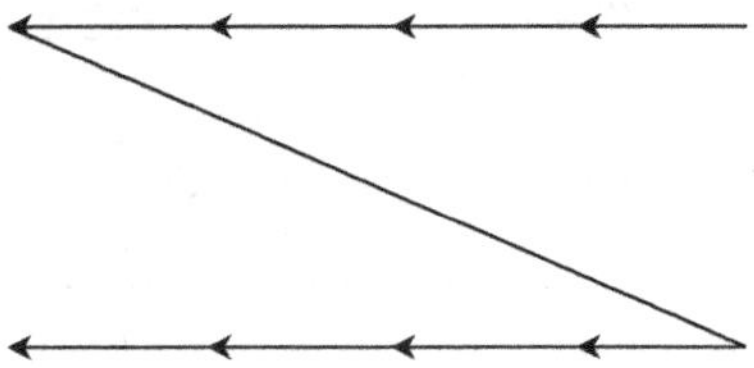

于是就成了下图：

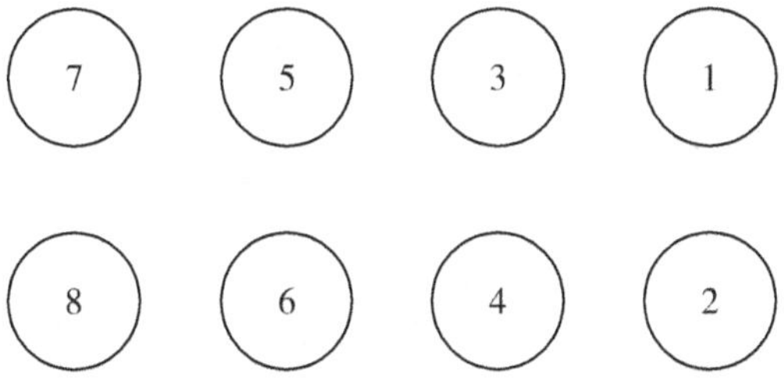


魔术师再请观众讲一次在哪一排，魔术师就可以猜出他心中默记的是什么数字了。

### 魔术揭秘

我们用 $a_1$ 表示第一次的排位，用 $a_2$ 表示第二次的排位，用 $a_3$ 表示第三次的排位，在第一排，其值都为 1，在第二排，其值都为 2，则观众心中默记的数字为：

$$x=4(a_1-1)+2(a_2-1)+(a_3-1)+1$$

例如：某观众记的数第一次在第二排，第二次第一排，第三次第二排，则“翻译”成：

$$a_1=2$$

$$a_2=1$$

$$a_3=2$$

则

$$\begin{aligned}x&=4(a_1-1)+2(a_2-1)+(a_3-1)+1\\&=4(2-1)+2(1-1)+(2-1)+1\\&=4+0+1+1=6\end{aligned}$$

这位观众默记的数字是原位置 6 的数字。

公式是如何得到的？我们观察所有的牌的上下位置变化，得到下表，在第一排用 1 表示，在第二排用 2 表示。

| 牌点数 $x$ | 第一次位置 $a_1$ | 第二次位置 $a_2$ | 第三次位置 $a_3$ |
|---|---|---|---|
| 1 | 1 | 1 | 1 |
| 2 | 1 | 1 | 2 |
| 3 | 1 | 2 | 1 |

续表

| 牌点数 $x$ | 第一次位置 $a_1$ | 第二次位置 $a_2$ | 第三次位置 $a_3$ |
|---|---|---|---|
| 4 | 1 | 2 | 2 |
| 5 | 2 | 1 | 1 |
| 6 | 2 | 1 | 2 |
| 7 | 2 | 2 | 1 |
| 8 | 2 | 2 | 2 |

设模型为：

$$x=b_1a_1+b_2a_2+b_3a_3+b_4$$

把值代入，得：

$$\begin{cases}b_1+b_2+b_3+b_4=1,\\ b_1+b_2+2b_3+b_4=2,\\ b_1+2b_2+b_3+b_4=3,\\ 2b_1+b_2+b_3+b_4=5\end{cases}$$

解得：

$$\begin{cases}b_1=4,\\ b_2=2,\\ b_3=1,\\ b_4=-6\end{cases}$$

代入模型得：

$$\begin{aligned}x&=4a_1+2a_2+a_3-6\\&=4(a_1-1)+2(a_2-1)+(a_3-1)+1\end{aligned}$$

把其他值代入也可得到正确的结果。

## 三英战吕布

魔术师将32张牌第一次发牌摆成4摞，每摞8张。魔术师让观众暗记一张牌，并在心中记住该牌位于哪一摞。魔术师按摞收牌，先收的牌在上，后收的牌放在已收的牌之下，依次下去，直到将第四摞被压在第三摞之下。

收完牌之后，开始第二次发牌，魔术师从整摞最上一张牌开始按行发牌，原第一摞的第一张在这里已不是第一张了，要倒序发，原第一摞的最后一张现在变成了第一摞第一张。接着发第二张、第三张、第四张分别作为第二、三、四摞的顶牌。而第五张则搭放在第一摞顶牌之上，第六张则搭放在第二摞顶牌之上，依次下去，直到发完最后一张牌为止。这样32张牌就被摆成4摞，每摞8张。

魔术师再次让每一位观众记住自己暗记的那一张牌现在在第几摞。魔术师开始第二次按摞收牌，方法同前。收完牌之后，开始第三次发牌，方法同前。发完牌后，魔术师第三次让每一位观众记住自己暗记的那一张牌现在在第几摞。当观众告诉魔术师，自己所暗记的那一张牌分别位于哪几摞后，魔术师立即说出观众暗记的那张牌的点数与花色，观众都点头称是。

### 魔术揭秘

假设观众暗记的那张牌是 $x$，$x$ 在第 $a$ 摞，$x$ 下面还有 $m$ 张牌，其中 $0\leqslant m\leqslant 7$，第 $a$ 摞前面有 $(a-1)$ 摞，都是 8 张，第一次收牌后，这些牌都在上边。

除此之外，第 $a$ 摞原摞中，$x$ 下面还有 $m$ 张牌，这些牌通过收牌，也跑到 $x$ 的上面，故 $x$ 的位置的序号是 $8(a-1)+m+1$，于是第一次收牌后，整摞牌从上往下数，第 $8(a-1)+m+1$ 张就是 $x$，或者说牌 $x$ 应位于第 $8(a-1)+m+1$ 张。由于 $0\leqslant m\leqslant 7$，则

$$8(a-1)+1\leqslant 8(a-1)+m+1\leqslant 8(a-1)+7+1=8(a-1)+8$$

也就是

$$8(a-1)+1\leqslant 8(a-1)+m+1\leqslant 8(a-1)+8$$

第二次发牌后，设 $x$ 在第 $b$ 摞，由于分 4 摞，$8(a-1)+1$ 被 4 分不是整数，不符合实际，所以不等式应为：

$$8(a-1)+4\leqslant 8(a-1)+m+1\leqslant 8(a-1)+8$$

则分 4 摞后，$x$ 在第 $b$ 摞的位置满足不等式

$$2(a-1)+1\leqslant x\text{ 的位置}\leqslant 2(a-1)+2$$

即

$$2a-1\leqslant x\text{ 的位置}\leqslant 2a$$

则第 $b$ 摞中 $x$ 下有

$$8-(2a-1)=9-2a$$

张牌，或 $8-2a$ 张牌。

第二次收牌时，前边有 $b-1$ 摞，则 $x$ 前有牌

$$8(b-1)+8-2a=8b-2a$$

或

$$8(b-1)+9-2a=8b-2a+1$$

第三次发牌时，设 $x$ 牌在第 $c$ 摞，则前边有 $\left[\dfrac{8b-2a}{4}\right]$ 张牌或 $\left[\dfrac{8b-2a+1}{4}\right]$ 张牌，则 $x$ 牌在第 $c$ 摞中具体的位置为第 $\left[\dfrac{8b-2a}{4}\right]+1$ 或 $\left[\dfrac{8b-2a+1}{4}\right]+1$ 张，方括号表示取整，但 $8b-2a+1$ 是奇数，所以

$$\left[\frac{8b-2a+1}{4}\right]=\left[\frac{8b-2a}{4}\right]$$

所以，$x$ 牌在第 $c$ 摞的第 $\left[\dfrac{8b-2a}{4}\right]+1$ 张。所以，当观众暗记的那张牌 $x$ 在三次发牌中分别

位于第 $a,b,c$ 摞，那么这张牌必位于第 $c$ 摞的第 $\left[\frac{8b-2a}{4}\right]+1$ 张。

例如：魔术师第一次发牌后，扑克花色和点数分布如下：

观众暗记的那张牌在第 3 摞。魔术师收牌，第二次发牌后，扑克花色和点数分布如下：

观众暗记的那张牌在第 2 摞。魔术师收牌，第三次发牌后，扑克花色和点数分布如下：

观众暗记的那张牌在第 4 摞，即

$$a=3$$

$$b=2$$

$$c=4$$

魔术师计算式为：

$$\left[\frac{8b-2a}{4}\right]+1$$

$$=\left[\frac{8\times2-2\times3}{4}\right]+1$$

$$=3$$

则牌位于第 4 摞第 3 张，即黑桃 6。

# 第十一章　方程的课堂魔术

## 纸杯与瓜子

魔术师拿出一个不透明的杯子让观众检查,再拿出一小盆瓜子。然后魔术师从盆中拿出几颗瓜子放在杯子中,放到一边。再让两位观众从盆中拿出相同数量的瓜子,抓在手中,但不让魔术师知道。接着魔术师让第一位观众从手中拿出3颗瓜子交给第二位观众,再把第一位观众手中剩余的瓜子放在杯子中,此时让第二位观众展开手,数一数瓜子数目,再数一数杯子中的瓜子数目,两者竟然是相同的。

### 魔术揭秘

假设开始时魔术师从盆中拿出 $m$ 颗瓜子放在杯子中,两位观众拿的瓜子都是 $x$ 颗,那么第一位观众给第二位观众$\frac{m}{2}$颗后,第二位观众手中就有 $x+\frac{m}{2}$颗,而第一位观众手中的瓜子就只剩下 $x-\frac{m}{2}$颗,把 $x-\frac{m}{2}$颗瓜子放在杯中,杯子中的瓜子数目就应该是 $m+x-\frac{m}{2}=\frac{m}{2}+x$ 颗,也就是$\frac{m}{2}+x$ 颗,与第二位观众手中的瓜子数目 $x+\frac{m}{2}$颗完全相同。

## 日本的猜数魔术

魔术师对观众说:“你心中想任何一个数字,我都有办法猜出来。”

观众说:“我想好了,你猜是什么数?”

魔术师对观众说:“你把这个数乘以5,不要告诉我这个乘积,现在把乘积数加上6。请再把这个和乘以4,积再加上9,最后再把这个和乘以5。”观众表示算好了。魔术师说:“现在你可以告诉我结果是什么吗?”观众说:“3 765。”魔术师马上说:“你想的数是36吗?”观众惊奇地说:“是的,你怎么猜出来呢?”

### 魔术揭秘

用字母 $x$ 来表示观众所想的数,按照题意得到:

$$\{\{[(x\times5)+6]\times4\}+9\}\times5$$
$$=\{\{[5x+6]\times4\}+9\}\times5$$
$$=\{\{20x+24\}+9\}\times5$$
$$=\{20x+33\}\times5$$
$$=100x+165$$

因此,如果最后的得数是 $y$,只要写

$$100x+165=y$$

得

$$100x=y-165$$
$$x=(y-165)\div100$$

## 观众手中的数剩多少

魔术师请两位观众上台(记为 $A$,$B$),然后魔术师自己蒙上双眼。让 $A$ 在黑板上写一个 1 ~ 100 的正整数,再让 $B$ 写其 3 倍,然后从 $A$ 写的数里面拿 6 给 $B$,即 $A$ 写的数减 6,加到 $B$ 写的数上,再让 $B$ 拿一个数给 $A$,其大小为 $A$ 现有数的 3 倍。这时魔术师猜中 $B$ 的数为 24。

### 魔术揭秘

设观众 $A$ 写的数是 $x$,观众 $B$ 写的数是 $3x$。从 $A$ 写的数里面拿 6 给 $B$,此时观众 $A$,$B$ 现有的数为 $x-6$ 和 $3x+6$。再让 $B$ 拿一个数给 $A$,其大小为 $A$ 现有数的 3 倍,此时观众 $B$ 现有的数为:

$$(3x+6)-3(x-6)=6+18=24$$

## 中间一堆多少张

魔术师把扑克牌分成左、中、右三堆,每堆的扑克牌不少于 10 张,且每堆的扑克牌数量相等,后按下列步骤操作。

从左边一堆拿 1 张扑克牌放入中间一堆;

从右边一堆拿 2 张扑克牌放入中间一堆;

左边一堆剩余多少张扑克牌就从中间一堆拿多少张扑克牌放入左边一堆扑克牌中,这时,中间一堆的扑克牌数一定是 4 张。

### 魔术揭秘

设开始时每堆扑克数量为 $x$ 张,从左边一堆拿 $s$ 张扑克牌放入中间一堆后,左边一堆

扑克剩 $x-s$ 张，中间一堆目前扑克数量是 $x+s$ 张。从右边一堆拿 $t$ 张扑克牌放入中间一堆后，右边一堆扑克剩 $x-t$ 张，中间一堆扑克数量是 $x+s+t$ 张。左边一堆剩余多少张扑克牌就从中间一堆拿多少张扑克牌放入左边一堆扑克牌中，就是从 $x+s+t$ 张中拿出 $x-s$ 张，则中间数量为：

$$(x+s+t)-(x-s)=2s+t$$

这里 $s$ 和 $t$ 都是已知数，故我们知道中间一堆剩余多少张扑克牌。

## 13 张扑克牌

猜扑克牌是魔术表演中经常出现的一种魔术，魔术师手里拿着 1～13（K）共 13 张扑克牌。不论你记的是哪一张牌，魔术师都能很快从众多牌中找出来。请一位观众到台上，随意洗牌，并背对着魔术师默记其中一张牌，然后把扑克弄整齐，交给魔术师。魔术师接过扑克，对那位观众说："请你把刚才记住的那张牌的点数乘以 5，再加上 8，然后乘以 2，最后减去 6，并把得数告诉我，我就能立即找出你记的那张扑克牌。"那位观众告诉魔术师运算结果是 130，魔术师迅速从扑克牌中找出点数为 12（Q）这张牌，恰好是观众所记的那张。

### 魔术揭秘

难道真的有魔法吗？其实并不是，只是魔术师在运用数学知识罢了。设观众记住的牌点数为 $x$，运算结果为 $y$，这里魔术师之所以能准确无误地找出这张扑克牌，是借助了方程

$$(5x+8)\times 2-6=y$$

即

$$10x+10=y$$

此时

$$y=130$$

得

$$10x+10=130$$

$$x=12$$

所以他记的牌是 12（Q）。

如果观众的计算结果是 20，即

$$y=20$$

则有

$$10x+10=20$$

则

$$x=1$$

所以他记的牌是 A。

# 第十二章　乘方、开方的课堂魔术

## 怪哉 3=4？

魔术师写出式子：

$$9-21=16-28$$

没错，改写成

$$3^2-2\times3\times\frac{7}{2}=4^2-2\times4\times\frac{7}{2}$$

没错，两边同时加上$\left(\frac{7}{2}\right)^2$，得

$$3^2-2\times3\times\frac{7}{2}+\left(\frac{7}{2}\right)^2=4^2-2\times4\times\frac{7}{2}+\left(\frac{7}{2}\right)^2$$

没错，改写成

$$\left(3-\frac{7}{2}\right)^2=\left(4-\frac{7}{2}\right)^2$$

没错，两边同时开方，得

$$3-\frac{7}{2}=4-\frac{7}{2}$$

两边同时加上$\frac{7}{2}$，得

$$3=4$$

这岂不怪哉？

### 魔术揭秘

魔术师利用了人们开方的习惯思维，实际上开方必须给出算术根：

$$\left(3-\frac{7}{2}\right)^2=\left(4-\frac{7}{2}\right)^2$$

此时开方的正确结果是

$$\frac{7}{2}-3=4-\frac{7}{2}$$

就不会出现 3=4 的错误。

# 万众一心

将56个民族中的56,变换成

$$5\times6=30$$

利用该乘积30,进行多种方法的数学运算,令观众感到意外的是最终运算结果都得9。这说明在党的民族政策指引下,56个民族的兄弟姐妹是一家,团结一心,和睦相处,他们都有一个共同的心声——万众一心,本魔术因此而得名。

魔术师请三位观众作助演。每人的运算方法有异同点,现分别表演如下。

第一位观众助演下述内容。

请助演观众把56个民族中的56变成

$$5\times6=30$$

令

$$a=30$$

请助演观众从56张民族画片中,抽取任意次数和张数,例如抽取两次,其张数分别为8和23。请助演观众将每次抽取的张数相加,那么

$$8+23=31$$

令

$$b=31$$

请助演观众将 $a$ 乘以 $b$,乘积再平方,即

$$(a\times b)^2=a^2\times b^2=30^2\times31^2=864\ 900$$

请助演观众将此式运算结果的各位数字相加,一直加到最后变成一位数,此时则有:

$$8+6+4+9+0+0=27$$

$$2+7=9$$

第二位观众助演下述内容。

请助演观众把56个民族中的56变成

$$5\times6=30$$

令

$$a=30$$

请助演观众从56张民族画片中,抽取任意次数,每次抽取任意张数,假如抽取3次,抽取张数分别为22,16和9。

请助演观众将各次抽取的张数进行加减乘除任意运算。假如观众按下面方法运算:

$$(22-9)\times16=13\times16=208$$

令

$$b=208$$

请助演观众将 $a$ 乘以 $b$,其积再平方,即

$$(a\times b)^2=a^2\times b^2=30^2\times 208^2=38\ 937\ 600$$

请助演观众将此式运算结果的各位数字相加，一直加到最后变成一位数，此时则有：

$$3+8+9+3+7+6+0+0=36$$

$$3+6=9$$

第三位观众助演下述内容。

请助演观众把56个民族中的56变成

$$5\times 6=30$$

令

$$a=30$$

请助演观众从56张民族画片中，任意抽取30张，将抽出的这30张民族画片，分成两堆，其张数随意，但不能相等。假如分成的张数分别为19和11。请助演观众将每堆张数各自平方，然后相减，注意要大数减小数。此时则有：

$$19^2-11^2=240$$

请助演观众将此式运算结果的数字平方，再将其积的每个数字相加，一直加到最后变成一位数，此时则有：

$$240^2=57\ 600$$

$$5+7+6+0+0=18$$

$$1+8=9$$

魔术师请三位助演观众向在场的其他广大观众报告三人的最终运算结果时，他们异口同声地喊出“9”，观众感到格外神奇，百思不解。

## 魔术揭秘

三位助演观众最终运算结果都得9，主要是靠30，30中有因数3，30的平方就含因数9，所以第一位、第二位助演观众运算的结果必含9。第三位助演观众运算的结果虽然含因数9，但不直观，我们推导如下。

若

$$a+b=30$$

设 $a>b$，则

$$a=30-b$$

$$a^2=(30-b)^2$$
$$=900-60b+b^2$$

则

$$a^2-b^2=900-60b$$
$$=30\times(30-2b)$$

从而

$$(a^2-b^2)^2=900\times(30-2b)^2$$

此式也含因数9，那么各位数的和的最终结果必是9。

注意:

在用从 56 个民族画片几次抽取的张数进行运算时,因有减法可能会出现 0 或负数,此时则应调换数字顺序或更换张数;运用除法时,只取整数,小数可去掉不用。

## 永恒的 8

魔术师叫出三位观众,让他们各做一道数学题,结果所有的得数都是同一个数字 8。

魔术师提供的数学计算式为:

$$(a^2+b^2+c^2)^3=d$$

式中 $a,b,c$ 为自然数中的三个连续数,也可以是三个奇数连续数或者三个偶数连续数,每个数的位数不限,$d$ 为立方后的计算结果。最后要计算出 $d$ 的数字和,对这个和再计算各位数字和,直到得到一位数。

第一位观众选取的是三个连续数:

$$a=6,b=7,c=8$$

将此三个数代入计算式中进行计算:

$$\begin{aligned} d &= (a^2+b^2+c^2)^3 \\ &= (6^2+7^2+8^2)^3 \\ &= (36+49+64)^3 \\ &= 149^3 \\ &= 3\ 307\ 949 \end{aligned}$$

$$3+3+0+7+9+4+9=35$$

$$3+5=8$$

第二位观众选取的是三个连续奇数:

$$a=31,b=33,c=35$$

将此三个数代入计算式中进行计算,得:

$$\begin{aligned} d &= (a^2+b^2+c^2)^3 \\ &= (31^2+33^2+35^2)^3 \\ &= (961+1\ 089+1\ 225)^3 \\ &= 3\ 275^3 \\ &= 35\ 126\ 421\ 875 \end{aligned}$$

$$3+5+1+2+6+4+2+1+8+7+5=44$$

$$4+4=8$$

第三位观众选取的是三个连续偶数:

$$a=102,b=104,c=106$$

将此三个数代入计算式中进行计算,得:

$$d = (a^2+b^2+c^2)^3$$

$$=(102^2+104^2+106^2)^3$$
$$=(10\ 404+10\ 816+11\ 236)^3$$
$$=32\ 456^3$$
$$=34\ 188\ 888\ 674\ 816$$
$$3+4+1+8+8+8+8+8+6+7+4+8+1+6=80$$
$$8+0=8$$

三位观众计算的最终结果都等于 8,这是为什么?

### 魔术揭秘

这是因为求各位数字之和相当于除以 9,而

$$[a^2+(a+1)^2+(a+2)^2]^3$$
$$=[a^2+a^2+2a+1+a^2+4a+4]^3$$
$$=[3a^2+6a+5]^3$$
$$=[3a^2+6a+5]\times[3a^2+6a+5]\times[3a^2+6a+5]$$
$$=[9a^4+18a^3+15a^2+18a^3+36a^2+30a+15a^2+30a+30a+25]\times[3a^2+6a+5]$$
$$=[9a^4+36a^3+66a^2+60a+25]\times[3a^2+6a+5]$$
$$=27a^6+54a^5+45a^4+108a^5+216a^4+180a^3+198a^4+396a^3+330a^2+180a^3+360a^2+300a+75a^2+150a+125$$
$$=27a^6+162a^5+459a^4+756a^3+765a^2+450a+125$$
$$=9\times(3a^6+18a^5+51a^4+84a^3+85a^2+50a)+125$$

此式除 125 外可被 9 除,所以此式一直求各位数之和,最终结果就是求 125 的各位数之和,各位数之和必是 8。

$$[a^2+(a+2)^2+(a+4)^2]^3$$
$$=[a^2+(a^2+4a+4)+(a^2+8a+16)]^3$$
$$=[3a^2+12a+20]^3$$
$$=[3a^2+12a+20]^2\times[3a^2+12a+20]$$
$$=[9a^4+72a^3+264a^2+480a+400]\times[3a^2+12a+20]$$
$$=27a^6+324a^5+1\ 836a^4+6\ 048a^3+12\ 240a^2+14\ 400a+8\ 000$$
$$=9a\times(3a^5+36a^4+204a^3+672a^2+1\ 360a+1\ 600)+8\ 000$$

此式除 8 000 外可被 9 除,所以此式一直求各位数之和,最终结果就是求 8 000 的各位数之和,各位数之和必是 8。

## 平衡三进制数猜测魔术:猜年龄

大多数人的年龄不超过 100 岁,本魔术仅对 100 岁以下的人适用。

1 到 100 的数用 $3^0,3^1,3^2,3^3,3^4$ 的代数和来表示,且要求系数是 1,0,-1,得到下边的

100 个式子：

$1=1\times3^0+0\times3+0\times3^2+0\times3^3+0\times3^4$

$2=-1\times3^0+1\times3+0\times3^2+0\times3^3+0\times3^4$

$3=0\times3^0+1\times3+0\times3^2+0\times3^3+0\times3^4$

$4=1\times3^0+1\times3+0\times3^2+0\times3^3+0\times3^4$

$5=-1\times3^0-1\times3+1\times3^2+0\times3^3+0\times3^4$

$6=0\times3^0-1\times3+1\times3^2+0\times3^3+0\times3^4$

$7=1\times3^0-1\times3+1\times3^2+0\times3^3+0\times3^4$

$8=-1\times3^0+0\times3+1\times3^2+0\times3^3+0\times3^4$

$9=0\times3^0+0\times3+1\times3^2+0\times3^3+0\times3^4$

$10=1\times3^0+0\times3+1\times3^2+0\times3^3+0\times3^4$

$11=-1\times3^0+1\times3+1\times3^2+0\times3^3+0\times3^4$

$12=0\times3^0+1\times3+1\times3^2+0\times3^3+0\times3^4$

$13=1\times3^0+1\times3+1\times3^2+0\times3^3+0\times3^4$

$14=-1\times3^0-1\times3-1\times3^2+1\times3^3+0\times3^4$

$15=0\times3^0-1\times3-1\times3^2+1\times3^3+0\times3^4$

$16=1\times3^0-1\times3-1\times3^2+1\times3^3+0\times3^4$

$17=-1\times3^0-0\times3-1\times3^2+1\times3^3+0\times3^4$

$18=0\times3^0-0\times3-1\times3^2+1\times3^3+0\times3^4$

$19=1\times3^0-0\times3-1\times3^2+1\times3^3+0\times3^4$

$20=-1\times3^0+1\times3-1\times3^2+1\times3^3+0\times3^4$

$21=0\times3^0+1\times3-1\times3^2+1\times3^3+0\times3^4$

$22=1\times3^0+1\times3-1\times3^2+1\times3^3+0\times3^4$

$23=-1\times3^0-1\times3+0\times3^2+1\times3^3+0\times3^4$

$24=0\times3^0-1\times3+0\times3^2+1\times3^3+0\times3^4$

$25=1\times3^0-1\times3+0\times3^2+1\times3^3+0\times3^4$

$26=-1\times3^0+0\times3+0\times3^2+1\times3^3+0\times3^4$

$27=0\times3^0+0\times3+0\times3^2+1\times3^3+0\times3^4$

$28=1\times3^0+0\times3+0\times3^2+1\times3^3+0\times3^4$

$29=-1\times3^0+1\times3+0\times3^2+1\times3^3+0\times3^4$

$30=0\times3^0+1\times3+0\times3^2+1\times3^3+0\times3^4$

$31=1\times3^0+1\times3+0\times3^2+1\times3^3+0\times3^4$

$32=-1\times3^0-1\times3+1\times3^2+1\times3^3+0\times3^4$

$33=0\times3^0-1\times3+1\times3^2+1\times3^3+0\times3^4$

$34=1\times3^0-1\times3+1\times3^2+1\times3^3+0\times3^4$

$35=-1\times3^0+0\times3+1\times3^2+1\times3^3+0\times3^4$

$36=0\times3^0+0\times3+1\times3^2+1\times3^3+0\times3^4$

$37=1\times3^0+0\times3+1\times3^2+1\times3^3+0\times3^4$

$38=-1\times3^0+1\times3+1\times3^2+1\times3^3+0\times3^4$

$39=0\times3^0+1\times3+1\times3^2+1\times3^3+0\times3^4$

$40=1\times3^0+1\times3+1\times3^2+1\times3^3+0\times3^4$

$41=-1\times3^0-1\times3-1\times3^2-1\times3^3+1\times3^4$

$42=0\times3^0-1\times3-1\times3^2-1\times3^3+1\times3^4$

$43=1\times3^0-1\times3-1\times3^2-1\times3^3+1\times3^4$

$44=-1\times3^0+0\times3-1\times3^2-1\times3^3+1\times3^4$

$45=0\times3^0+0\times3-1\times3^2-1\times3^3+1\times3^4$

$46=1\times3^0+0\times3-1\times3^2-1\times3^3+1\times3^4$

$47=-1\times3^0+1\times3-1\times3^2-1\times3^3+1\times3^4$

$48=0\times3^0+1\times3-1\times3^2-1\times3^3+1\times3^4$

$49=1\times3^0+1\times3-1\times3^2-1\times3^3+1\times3^4$

$50=-1\times3^0-1\times3+0\times3^2-1\times3^3+1\times3^4$

$51=0\times3^0-1\times3+0\times3^2-1\times3^3+1\times3^4$

$52=1\times3^0-1\times3+0\times3^2-1\times3^3+1\times3^4$

$53=-1\times3^0+0\times3+0\times3^2-1\times3^3+1\times3^4$

$54=0\times3^0+0\times3+0\times3^2-1\times3^3+1\times3^4$

$55=1\times3^0+0\times3+0\times3^2-1\times3^3+1\times3^4$

$56=-1\times3^0+1\times3+0\times3^2-1\times3^3+1\times3^4$

$57=0\times3^0+1\times3+0\times3^2-1\times3^3+1\times3^4$

$58=1\times3^0+1\times3+0\times3^2-1\times3^3+1\times3^4$

$59=-1\times3^0-1\times3+1\times3^2-1\times3^3+1\times3^4$

$60=0\times3^0-1\times3+1\times3^2-1\times3^3+1\times3^4$

$61=1\times3^0-1\times3+1\times3^2-1\times3^3+1\times3^4$

$62=-1\times3^0-0\times3+1\times3^2-1\times3^3+1\times3^4$

$63=0\times3^0-0\times3+1\times3^2-1\times3^3+1\times3^4$

$64=1\times3^0-0\times3+1\times3^2-1\times3^3+1\times3^4$

$65=-1\times3^0+1\times3+1\times3^2-1\times3^3+1\times3^4$

$66=0\times3^0+1\times3+1\times3^2-1\times3^3+1\times3^4$

$67=1\times3^0+1\times3+1\times3^2-1\times3^3+1\times3^4$

$68=-1\times3^0-1\times3-1\times3^2+0\times3^3+1\times3^4$

$69=0\times3^0-1\times3-1\times3^2+0\times3^3+1\times3^4$

$$70=1\times3^0-1\times3-1\times3^2+0\times3^3+1\times3^4$$
$$71=-1\times3^0-0\times3-1\times3^2+0\times3^3+1\times3^4$$
$$72=0\times3^0-0\times3-1\times3^2+0\times3^3+1\times3^4$$
$$73=1\times3^0-0\times3-1\times3^2+0\times3^3+1\times3^4$$
$$74=-1\times3^0+1\times3-1\times3^2+0\times3^3+1\times3^4$$
$$75=0\times3^0+1\times3-1\times3^2+0\times3^3+1\times3^4$$
$$76=1\times3^0+1\times3-1\times3^2+0\times3^3+1\times3^4$$
$$77=-1\times3^0-1\times3+0\times3^2+0\times3^3+1\times3^4$$
$$78=0\times3^0-1\times3+0\times3^2+0\times3^3+1\times3^4$$
$$79=1\times3^0-1\times3+0\times3^2+0\times3^3+1\times3^4$$
$$80=-1\times3^0+0\times3+0\times3^2+0\times3^3+1\times3^4$$
$$81=0\times3^0+0\times3+0\times3^2+0\times3^3+1\times3^4$$
$$82=1\times3^0+0\times3+0\times3^2+0\times3^3+1\times3^4$$
$$83=-1\times3^0+1\times3+0\times3^2+0\times3^3+1\times3^4$$
$$84=0\times3^0+1\times3+0\times3^2+0\times3^3+1\times3^4$$
$$85=1\times3^0+1\times3+0\times3^2+0\times3^3+1\times3^4$$
$$86=-1\times3^0-1\times3+1\times3^2+0\times3^3+1\times3^4$$
$$87=0\times3^0-1\times3+1\times3^2+0\times3^3+1\times3^4$$
$$88=1\times3^0-1\times3+1\times3^2+0\times3^3+1\times3^4$$
$$89=-1\times3^0+0\times3+1\times3^2+0\times3^3+1\times3^4$$
$$90=0\times3^0+0\times3+1\times3^2+0\times3^3+1\times3^4$$
$$91=1\times3^0+0\times3+1\times3^2+0\times3^3+1\times3^4$$
$$92=-1\times3^0+1\times3+1\times3^2+0\times3^3+1\times3^4$$
$$93=0\times3^0+1\times3+1\times3^2+0\times3^3+1\times3^4$$
$$94=1\times3^0+1\times3+1\times3^2+0\times3^3+1\times3^4$$
$$95=-1\times3^0-1\times3-1\times3^2+1\times3^3+1\times3^4$$
$$96=0\times3^0-1\times3-1\times3^2+1\times3^3+1\times3^4$$
$$97=1\times3^0-1\times3-1\times3^2+1\times3^3+1\times3^4$$
$$98=-1\times3^0+0\times3-1\times3^2+1\times3^3+1\times3^4$$
$$99=0\times3^0+0\times3-1\times3^2+1\times3^3+1\times3^4$$
$$100=1\times3^0+0\times3-1\times3^2+1\times3^3+1\times3^4$$

我们将所有 $3^0$ 的系数列一个表,但不含系数 0。除正负外,系数都是 1,为了表示这个 1 是哪个数产生的,用这个数代替 1,得到所有 $3^0$ 的对照表:

| | | | | | | | | | | | |
|---|---|---|---|---|---|---|---|---|---|---|---|
| 1 | -2 | 4 | -5 | 7 | -8 | 10 | -11 | 13 | -14 | 16 | -17 |
| 19 | -20 | 22 | -23 | 25 | -26 | 28 | -29 | 31 | -32 | 34 | -35 |
| 37 | -38 | 40 | -41 | 43 | -44 | 46 | -47 | 49 | -50 | 52 | -53 |
| 55 | -56 | 58 | -59 | 61 | -62 | 64 | -65 | 67 | -68 | 70 | -71 |
| 73 | -74 | 76 | -77 | 79 | -80 | 82 | -83 | 85 | -86 | 88 | -89 |
| 91 | -92 | 94 | -95 | 97 | -98 | 100 | | | | | |

我们将所有 $3^1=3$ 的系数列一个表，但不含系数 0。除正负外，系数都是 1，为了表示这个 1 是哪个数产生的，用这个数代替 1，得到所有 $3^1$ 的对照表：

| | | | | | | | | | | | |
|---|---|---|---|---|---|---|---|---|---|---|---|
| 2 | 3 | 4 | -5 | -6 | -7 | 11 | 12 | 13 | -14 | -15 | -16 |
| 20 | 21 | 22 | -23 | -24 | -25 | 29 | 30 | 31 | -32 | -33 | -34 |
| 38 | 39 | 40 | -41 | -42 | -43 | 47 | 48 | 49 | -50 | -51 | -52 |
| 56 | 57 | 58 | -59 | -60 | -61 | 65 | 66 | 67 | -68 | -69 | -70 |
| 74 | 75 | 76 | -77 | -78 | -79 | 83 | 84 | 85 | -86 | -87 | -88 |
| 92 | 93 | 94 | -95 | -96 | -97 | | | | | | |

我们将所有 $3^2$ 的系数列一个表，但不含系数 0。除正负外，系数都是 1，为了表示这个 1 是哪个数产生的，用这个数代替 1，得到所有 $3^2$ 的对照表：

| | | | | | | | | | | | |
|---|---|---|---|---|---|---|---|---|---|---|---|
| 5 | 6 | 7 | 8 | 9 | 10 | 11 | 12 | 13 | -14 | -15 | -16 |
| -17 | -18 | -19 | -20 | -21 | -22 | 32 | 33 | 34 | 35 | 36 | 37 |
| 38 | 39 | 40 | -41 | -42 | -43 | -44 | -45 | -46 | -47 | -48 | -49 |
| 59 | 60 | 61 | 62 | 63 | 64 | 65 | 66 | 67 | -68 | -69 | -70 |
| -71 | -72 | -73 | -74 | -75 | -76 | 86 | 87 | 88 | 89 | 90 | 91 |
| 92 | 93 | 94 | -95 | -96 | -97 | -98 | -99 | -100 | | | |

我们将所有 $3^3$ 的系数列一个表，但不含系数 0。除正负外，系数都是 1，为了表示这个 1 是哪个数产生的，用这个数代替 1，得到所有 $3^3$ 的对照表：

| | | | | | | | | | | | |
|---|---|---|---|---|---|---|---|---|---|---|---|
| 14 | 15 | 16 | 17 | 18 | 19 | 20 | 21 | 22 | 23 | 24 | 25 |
| 26 | 27 | 28 | 29 | 30 | 31 | 32 | 33 | 34 | 35 | 36 | 37 |
| 38 | 39 | 40 | -41 | -42 | -43 | -44 | -45 | -46 | -47 | -48 | -49 |
| -50 | -51 | -52 | -53 | -54 | -55 | -56 | -57 | -58 | -59 | -60 | -61 |
| -62 | -63 | -64 | -65 | -66 | -67 | 95 | 96 | 97 | 98 | 99 | 100 |

我们将所有 $3^4$ 的系数列一个表，但不含系数 0。除正负外，系数都是 1，为了表示这个 1 是哪个数产生的，用这个数代替 1，得到所有 $3^4$ 的对照表：

| | | | | | | | | | | | |
|---|---|---|---|---|---|---|---|---|---|---|---|
| 41 | 42 | 43 | 44 | 45 | 46 | 47 | 48 | 49 | 50 | 51 | 52 |
| 53 | 54 | 55 | 56 | 57 | 58 | 59 | 60 | 61 | 62 | 63 | 64 |
| 65 | 66 | 67 | 68 | 69 | 70 | 71 | 72 | 73 | 74 | 75 | 76 |
| 77 | 78 | 79 | 80 | 81 | 82 | 83 | 84 | 85 | 86 | 87 | 88 |
| 89 | 90 | 91 | 92 | 93 | 94 | 95 | 96 | 97 | 98 | 99 | 100 |

先制作上面的 5 张表，这是猜年龄魔术的道具。

魔术师给观众看了这 5 张表后，观众说出自己或别人的年龄（不超过 100 岁）在哪几张表中及其正负的情况，那么魔术师就能说出这个年龄来。

例如：观众报出他所想的年龄在表 1 中是正数，表 2 中是负数，表 3 中不出现，表 4 中不出现，表 5 中是正数。魔术师就说观众所想的年龄是 79 岁。这里有什么奥秘呢？

### 魔术揭秘

这 5 张表是一种编码。把被猜的数编成一个由“正”“负”“无”组成的有序序列。用“正”表示“1”，用“负”表示“-1”，用“无”表示“0”。于是，这 5 张表十分巧妙地传递了一个三进制数的信息，例如，根据上述观众所报的信息，魔术师进行如下信息转换：这里，表 1 对应的幂是 $3^0$，表 2 对应的幂是 $3^1$，表 3 对应的幂是 $3^2$，表 4 对应的幂是 $3^3$，表 5 对应的幂是 $3^4$。只要对 5 个不同自然数指数的幂熟练地进行口算，就可以很快说出答案。

魔术师手持上述 5 张表，表的序号为 1，2，3，4，5。魔术师问一观众：“你的年龄在 5 张表中正负号是什么？哪张表中没有？”

观众所报的信息是正、负、无、无、正，即系数为 1，-1，0，0，1。

魔术师说：你是 79 岁。

计算过程为：

$$
\begin{aligned}
&1\times3^0-1\times3^1+0\times3^2+0\times3^3+1\times3^4\\
&=1-3+0+0+81\\
&=79
\end{aligned}
$$

## 快速计算平方根值

魔术师请几位带计算器的观众上台，让台上每人想一个两位正整数，计算平方，每一个人都告诉魔术师一个平方结果数，魔术师就告诉一个平方根，计算速度很快。

### 魔术揭秘

这个魔术的关键是记住以下几个数。

设两位数是 $a$,可令 $x$ 和 $y$ 分别为 $a$ 的十位数和个位数,即

$$a=10x+y$$

魔术师能如此快速算出平方根,主要是借助下表给出的 1 ~ 9 的平方表来确定 $a$ 的个位数 $y$。

| | | |
|---|---|---|
| $1^2=1$ | $2^2=4$ | $3^2=9$ |
| $4^2=16$ | $5^2=25$ | $6^2=36$ |
| $7^2=49$ | $8^2=64$ | $9^2=81$ |

从上表可看出,0 ~ 9 的平方个位数只能是 0,1,4,5,6,9,绝不可能是 2,3,7,8。同时也容易看出,$a$ 的个位数 $y$ 与 $a^2$ 的个位数 $b$ 有着如下的对应关系:

$$b=\begin{cases}0, & y=0,\\ 1, & y=1,9,\\ 4, & y=2,8,\\ 5, & y=5,\\ 6, & y=4,6,\\ 9, & y=3,7\end{cases}$$

通过观察我们发现:除 0 外,$a$ 平方后个位数相同的两个 $y$ 有互补关系,我们记两个 $y$ 为 $s$ 和 $t$,则

$$s+t=10$$

我们记小于或等于 5 的 $y$ 为 $s$,大于或等于 5 的 $y$ 为 $t$,即

$$s\leqslant 5, t\geqslant 5$$

确定 $a$ 的十位数 $x$,因为 $a$ 是两位数,知 $a^2$ 为 3 ~ 4 位数,现在以 $a^2$ 的十位和百位之间为界,将界右边的两位数作为后节,并把它们当作两位数,记为 $d$,而把界左边的 1 ~ 2 位数作为前节,记为 $c$,因此 $a^2$ 可表示为:

$$a^2=100c+d$$

现在设 $a^2$ 的前节为 $c$,$a^2$ 的后节为 $d$,$c$ 位于 $k^2$ 和 $(k+1)^2$ 之间,即:

$$k^2\leqslant c\leqslant (k+1)^2 (1\leqslant k\leqslant 9)$$

则取 $x=k$。

我们要将十位数的平方分析出来,因

$$a=10x+y$$

则

$$\begin{aligned}a^2&=(10x+y)^2\\&=100x^2+20xy+y^2\end{aligned}$$

但

$$a^2=100c+d$$

由于 $20xy+y^2$ 有可能进位,而 $d$ 是后节,不进位,则:

$$c\geqslant x^2$$

即

$$c=x^2+进位$$

所以 $x^2$ 是 $c$ 中包含的最大平方项，根据此式就确定了观众暗选的两位数 $a$ 的十位数 $x$。

例如：$a^2=1\ 296$，则前节是 12，后节是 96，根据：

$$3^2\leqslant 12\leqslant (3+1)^2$$

则

$$x=k=3$$

这就确定了观众暗选的两位数 $a$ 的十位数为 3。

因

$$\begin{aligned}a&=10x+y\\&=10k+y\end{aligned}$$

则

$$\begin{aligned}a^2&=(10k+y)^2\\&=100k^2+20ky+y^2\end{aligned}$$

从此式看出 $a^2$ 的个位数就是 $y^2$ 的个位数，从此式可确定 $y$ 的两个可能值。

我们知道两个 $y$，一个小于 5，一个大于 5，我们先计算 $(10k+5)^2$。

若

$$a^2>(10k+5)^2$$

说明 $y$ 大于 5。

若

$$a^2<(10k+5)^2$$

说明 $y$ 小于 5。

为了快速判断，我们熟记以下值：

$$(10\times1+5)^2=225$$
$$(10\times2+5)^5=625$$
$$(10\times3+5)^2=1\ 225$$
$$(10\times4+5)^2=2\ 025$$
$$(10\times5+5)^2=3\ 025$$
$$(10\times6+5)^2=4\ 225$$
$$(10\times7+5)^2=5\ 625$$
$$(10\times8+5)^2=7\ 225$$
$$(10\times9+5)^2=9\ 025$$

例如：$a^2=1\ 296$，$a^2$ 的个位数就是 6，$y^2$ 的个位数只能是 6，$y$ 只可能是 4 和 6。

因 $k=3$，则

$$(10k+5)^2=(10\times3+5)^2=1\ 225$$

显然

$$a^2>(10k+5)^2$$

说明 $y$ 大于 5,则 $y=6$,则两位数为 36。

例如:求 6 084 的平方根。

显然前节是 60,

$$7^2\leqslant60\leqslant8^2$$

则

$$x=k=7$$

因

$$6\,084\geqslant5\,625$$

则

$$y>5$$

平方后个位为 4 的 $y$ 有 2 和 8,则

$$y=8$$

两位数是 78。

## 最后一张牌

道具:一副扑克、一支笔、一张纸。

1. 魔术师出示一副 52 张的扑克牌(无大小王),交给观众们随意打乱并检查。

2. 随机抽选一位观众,让他随意从 52 张牌中拿出一部分,交给魔术师。

3. 魔术师一张张地看观众给的牌,看完后,在纸上写下某张牌的数字(这时各位疑惑了,某张牌是哪张?),并将纸折叠起来,将其放置在某处,表示这是一个"预言"。

4. 魔术师再把这些牌交还给观众,请观众拿起这组牌,把最上面的第一张扔到桌子上,把第二张移到底部,然后再把第三张扔到桌子上,把第四张移到底部,依此类推,直到他手上只剩下最后一张牌。

5. 接下来,就是见证奇迹的时刻。让人没想到的是,观众手上的最后一张牌,正是纸张中的"预言"。

### 魔术揭秘

学会这个魔术,魔术师只需记住一个公式:$2(x-2^n)$,其中,$x$ 是被观众抽出的牌的数量,$2^n$ 是小于数量 $x$ 时 2 的最大乘方数,比如观众抽出 25 张牌,

$$2^4<25<2^5$$

那么小于 25 的 2 的最大乘方数为 16。

魔术表演过程中,魔术师在看牌的时候,只需悄悄数一数牌的数量,并算出 $2(x-2^n)$ 的结果,然后在纸上写下这个位置上那张牌的数字,把它作为"预言"。如果观众抽出 23 张牌,因为小于 23 的 2 的最大乘方数是 16,则有 $2\times(23-16)=2\times7=14$,因此最后一张牌将会是从上往下数的第 14 张牌。

# 三分归一统

魔术师取出 27 张扑克，观众从中抽出一张，不让魔术师知道是哪一张，看清花色和点数之后放回 27 张扑克中。魔术师然后问观众喜欢 27 以内的哪个数字，观众说出某个数，比如说 $x$，魔术师开始发牌，平均分为三列，每列 9 张，然后问那张牌在哪列。经过三次收发牌，收牌时按列从上到下收，发牌时把收的牌从左到右排成三列，第三次收牌后从上到下数到第 $x$ 张牌，必是先前抽出的那张牌。

## 魔术揭秘

原理：三进制。

比如观众说喜欢 10，上边就要放 9 张牌，9 的三进制表示为

$$9=0\times3^0+0\times3^1+1\times3^2$$

即

$$(9)_{10}=(100)_3$$

0 表示抽出的那张牌所在的列放在最上边，1 表示抽出的那张牌所在的列放中间，2 表示抽出的那张牌所在的列放下边。扑克是从上到下排序。注意三进制的表示顺序与我们操作顺序正好相反，所以我们用(0,0,1)表示。

系数组成的序列为：(0,0,1)，当第一次收牌时，那张牌所在的列要放在最上边，第二次也要放上边，第三次放中间。

比如观众说喜欢 13，上边就要放 12 张牌，12 的三进制表示为

$$12=0\times3^0+1\times3^1+1\times3^2$$

系数组成的序列为：(0,1,1)，当第一次收牌时，那张牌所在的列要放在最上边，第二次要放中间，第三次也放中间。

比如说观众喜欢 20，上边就要放 19 张牌，19 的三进制表示为

$$19=1\times3^0+0\times3^1+2\times3^2$$

系数组成的序列为：(1,0,2)，当第一次收牌时，那张牌所在的列要放在中间，第二次要放在最上边，第三次要放在最下边。

三列牌，每一列都有放在上、中、下三种可能，所以共有 27 种可能，所以放法可决定 27 张，但是 27 不能用

$$a\times3^0+b\times3^1+c\times3^2$$

来表示，故只能决定 26 张牌，我们无法将选定的那张牌放在第一个位置上。除第一个位置外，我们可以将选定的那张牌放在 2 到 27 中的任何位置，可以是 2 到 27 中的任何数，但不能喜欢 1。

喜欢 2，上边仅有 1 张牌。

$$1=1\times3^0+0\times3^1+0\times3^2$$

系数组成的序列为:(1,0,0),即第一次收牌将那张牌所在的列放在中间,其余两列随便放,无关紧要。然后从上往下、从左到右第二次发牌,次序不能乱,三列,一列一张,循环往复地发,直到所有的牌发完。

问观众抽出的那张牌在哪列?第二次收牌将那张牌所在的列放在最上边,其余两列随便放,然后从上往下、从左到右第三次发牌,三列,一列一张,循环往复地发,直到所有的牌发完。

问观众抽出的那张牌在哪列?第三次收牌将那张牌所在的列放在最上边,其余两列随便放。放好后,开始数牌,数到第二张,拿出来,必是观众所选的那张牌。

喜欢3,上边仅有2张牌。

$$2=2\times3^0+0\times3^1+0\times3^2$$

系数组成的序列为:(2,0,0),即第一次收牌将那张牌所在的列放在最下边,其余做法同上。最后数到第三张牌,拿出来,必是观众所选的那张牌。

喜欢4,上边仅有3张牌。

$$3=0\times3^0+1\times3^1+0\times3^2$$

系数组成的序列为:(0,1,0),即第一次收牌将那张牌所在的列放在最上边,其余两列随便放,无关紧要。然后从上往下、从左到右第二次发牌,次序不能乱,三列,一列一张,循环往复地发,直到所有的牌发完。

问观众抽出的那张牌在哪列?第二次收牌将那张牌所在的列放在中间,其余两列随便放,然后从上往下、从左到右第三次发牌,三列,一列一张,循环往复地发,直到所有的牌发完。

问观众抽出的那张牌在哪列?第三次收牌将那张牌所在的列放在最上边,其余两列随便放。放好后,开始数牌,数到第四张,拿出来,必是观众所选的那张牌。

一个数可表示为

$$s=a\times3^0+b\times3^1+c\times3^2$$

序列就是$(a,b,c)$,$a$表示那张牌第一次所在的位置,$b$表示那张牌第二次所在的位置,$c$表示那张牌第三次所在的位置。0表示放在最上边,1表示放在中间,2表示放在最下边。

喜欢5,有

$$4=1\times3^0+1\times3^1+0\times3^2$$

喜欢6,有

$$5=2\times3^0+1\times3^1+0\times3^2$$

喜欢7,有

$$6=0\times3^0+2\times3^1+0\times3^2$$

喜欢8,有

$$7=1\times3^0+2\times3^1+0\times3^2$$

喜欢9,有

$$8=2\times3^0+2\times3^1+0\times3^2$$

喜欢10,有

$$9=0\times3^0+0\times3^1+1\times3^2$$

喜欢 11，有

$$10=1\times3^0+0\times3^1+1\times3^2$$

喜欢 12，有

$$11=2\times3^0+0\times3^1+1\times3^2$$

喜欢 13，有

$$12=0\times3^0+1\times3^1+1\times3^2$$

喜欢 14，有

$$13=1\times3^0+1\times3^1+1\times3^2$$

喜欢 15，有

$$14=2\times3^0+1\times3^1+1\times3^2$$

喜欢 16，有

$$15=0\times3^0+2\times3^1+1\times3^2$$

喜欢 17，有

$$16=1\times3^0+2\times3^1+1\times3^2$$

喜欢 18，有

$$17=2\times3^0+2\times3^1+1\times3^2$$

喜欢 19，有

$$18=0\times3^0+0\times3^1+2\times3^2$$

喜欢 20，有

$$19=1\times3^0+0\times3^1+2\times3^2$$

喜欢 21，有

$$20=2\times3^0+0\times3^1+2\times3^2$$

喜欢 22，有

$$21=0\times3^0+1\times3^1+2\times3^2$$

喜欢 23，有

$$22=1\times3^0+1\times3^1+2\times3^2$$

喜欢 24，有

$$23=2\times3^0+1\times3^1+2\times3^2$$

喜欢 25，有

$$24=0\times3^0+2\times3^1+2\times3^2$$

喜欢 26，有

$$25=1\times3^0+2\times3^1+2\times3^2$$

喜欢 27，有

$$26=2\times3^0+2\times3^1+2\times3^2$$

第一次发牌后，设观众暗记的牌为 $x$，第一次收牌，该列作为第 $a+1$ 列收起，$x$ 牌上边有 $m$ 张牌，则收起后，从上往下数，是第 $9a+m+1$ 张，其中 $0\leqslant m\leqslant8$。

第二次发牌后，设观众暗记的牌 $x$ 位于第 $b+1$ 列，本列上边有

$$\left[\frac{9a+m}{3}\right]$$

$$=3a+\left[\frac{m}{3}\right]$$

$$=3a+\begin{cases}0,\\1,\\2\end{cases}$$

张，第二次收牌，该列作为第 $b+1$ 列收起，收起后，从上往下数，上边有

$$9b+\begin{cases}3a+0,\\3a+1,\\3a+2\end{cases}$$

$$=9b+3a+\begin{cases}0,\\1,\\2\end{cases}$$

张，位于第

$$9b+3a+\begin{cases}1,\\2,\\3\end{cases}$$

张。

第三次发牌后，设观众暗记的牌为 $x$ 位于第 $c+1$ 列，$x$ 牌上边有

$$\left[\frac{9b+3a+\begin{cases}0,\\1,\\2\end{cases}}{3}\right]$$

$$=3b+a$$

张牌，第三次收牌后，$x$ 牌在总列的位置是 $9c+3b+a+1$。

设观众喜欢的数字是 $l$，则令

$$9c+3b+a=l-1$$

我们用 0 表示第一列，用 1 表示中间列，用 2 表示第三列，则按序列放牌，则第 $l$ 张牌必是观众所暗定的牌，这就是其中的数学原理。

下面我们举例说明。

例如：一个人从牌中抽出的牌点是梅花 2，然后放回牌中，他表示喜欢 23，而 23 前面可放 22 张牌，22 可表示为：

$$22=1\times3^0+1\times3^1+2\times3^2$$

序列为(1，1，2)。

第一次发牌后，扑克分布为：

问抽牌人，所抽的那张牌在哪列？答曰在第三列。根据序列(1，1，2)，第一次收牌顺

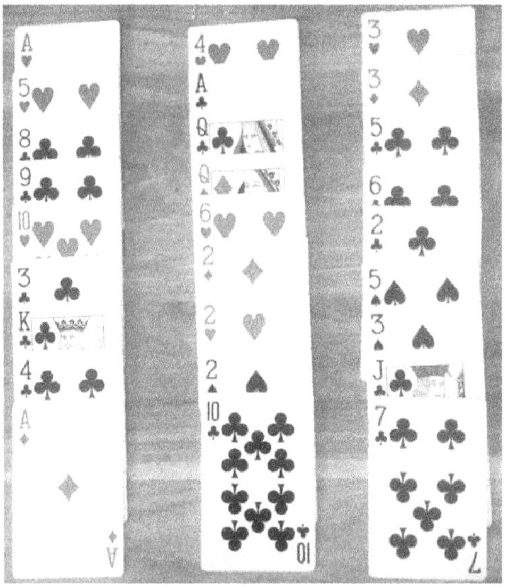

序是把那张牌所在的列放在中间(0 表示放最上边,1 表示放中间,2 表示放最下边)。注意各列内部的顺序不能乱,其余两列哪个在上,哪个在下,无关紧要。我们先收第一列,再收第三列,最后收第二列。

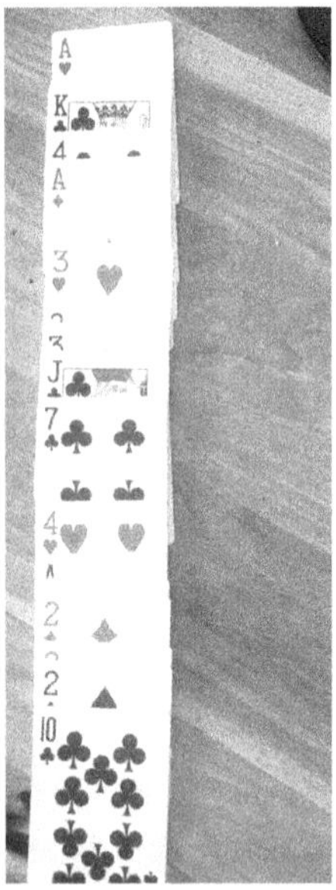

红桃 1 到方块 1 是原来的第一列,红桃 3 到梅花 7 是原来的第三列,红桃 4 到梅花 10 是原来的第二列。

我们从上到下、从左到右一张一张分三列轮流发牌,即从红桃 1 开始发,得到新三列。

问抽牌人,所抽的那张牌在哪列？答曰在第二列。根据序列(1,1,2),第二次收牌顺序是把那张牌所在的列放在中间(0 表示放最上边,1 表示放中间,2 表示放最下边)。注意各列内部的顺序不能乱,其余两列哪个在上,哪个在下,无关紧要。我们先收第一列,再收第二列,最后收第三列。

红桃 1 到红桃 2 是原来的第一列,红桃 5 到黑桃 2 是原来的第二列,梅花 8 到梅花 10 是原来的第三列。

我们从上到下、从左到右一张一张分三列轮流发牌,即从红桃 1 开始发,得到新三列。

问抽牌人，所抽的那张牌在哪列？答曰在第二列。根据序列(1,1,2)，第三次收牌顺序是把那张牌所在的列放在最下边(0 表示放最上边，1 表示放中间，2 表示放最下边)。注意各列内部的顺序不能乱，其余两列哪个在上，哪个在下，无关紧要。我们先收第一列，再收第三列，最后收第二列。

现在从第一张(红桃 A)开始从上向下数 23 张，可见第 23 张是梅花 2。

这样，我们既猜出来了牌点，又把此牌放在了观众要求的位置。

# 多位数开立方

魔术师给观众表演了一个快速求立方根的“魔术”。魔术师先请观众想好一个两位数，然后暗地里计算出这个数的立方，它是一个4～6位数。当观众把这个4～6位数说出来时，魔术师能脱口而出其立方根，即原来观众心里想的那个两位数。例如，观众心里想的数是37，算得37的立方值是50 653。当观众刚一报出50 653，魔术师可以马上说出50 653的立方根是37。观众觉得很神奇，那么窍门在哪儿呢？原来只要熟记1～9这九个数的立方值就可以了。

| 数 | 立方值 | 立方值的末位数 | 数与立方值的末位数 |
|---|---|---|---|
| 1 | 1 | 1 | 相同 |
| 2 | 8 | 8 | 2与8互换 |
| 3 | 27 | 7 | 3与7互换 |
| 4 | 64 | 4 | 相同 |
| 5 | 125 | 5 | 相同 |
| 6 | 216 | 6 | 相同 |
| 7 | 343 | 3 | 3与7互换 |
| 8 | 512 | 2 | 2与8互换 |
| 9 | 729 | 9 | 相同 |

把立方值开立方，前三位决定立方根的十位数，从上表的第1,2列可判断立方根的十位数，立方根的个位数根据原数的个位数而定：2,8互换，3,7互换，其他照旧（这是因为1,2,3,4,5,6,7,8,9立方后的个位数分别为1,8,7,4,5,6,3,2,9）。

## 魔术揭秘

设两位数为$a$，故可用$x$和$y$分别表示它的十位数和个位数，即

$$a=10x+y$$

我们先确定立方根的个位数，设$a^3$的个位数是$b$，我们利用$b$推知$a$的个位数$y$，具体地说，若$b$为1,4,5,6,9这五个数之中的一个，那么$y=b$。否则，若$b$为2,3,7,8这四个数之中的一个，那么$y$就等于$10-b$，若用公式表示，则是

$$y=\begin{cases} b, & b=1,4,5,6,9, \\ 10-b, & b=2,3,7,8 \end{cases}$$

与上表是一致的。

我们再确定立方根的十位数，因$a$是两位数，$a^3$是4～6位数，现在以$a^3$的百位数和千位数之间为边界，将$a^3$分为两节，把边界右边的三位作为后节，并把它们作为三位数，记作$d$，而把边界左边的1～3位作为前节，把前节也设为一个数，记作$c$，因此$a^3$可表示为：

$$a^3=10^3c+d$$

现假设 $a^3$ 的前节 $c$ 位于 $k^3$ 和$(k+1)^3$ 之间，即

$$k^3\leqslant c<(k+1)^3\quad(1\leqslant k\leqslant 9)$$

则取

$$x=k$$

例如：求 314 432 的立方根，314 432 的个位数是 2，它决定立方根的个位数是 8。

前三位数是 314，

$$216<314<343$$

即

$$6^3<314<7^3$$

决定了十位数是 6，所以，314 432 的立方根是 68。

再例如，观众报出 50 653，魔术师先根据个位数是 3，就知道 50 653 的立方根的个位数只能是 7。其次，把 50 653 的百位、十位、个位数字去掉，只留下开头的两个数字 50，再看 50 介于哪两个数的立方之间，因为

$$27<50<64$$

即

$$3^3<50<4^3$$

这样就可以断定，要猜的两位数的十位数是 3。由此得出这个两位数是 37。

又例如，如果观众报的数是 636 056，魔术师就可以由

$$512<636<729$$

即

$$8^3<636<9^3$$

确定十位数是 8，由个位数是 6 可立即确定两位数的个位数是 6，从而猜出这个数的立方根是 86。

猜数技巧在于只需考虑开头和结尾的数，所以这个魔术又被称为“首尾相顾”。

# 第十三章 几何、三角的课堂魔术

## 揭开拼图魔术的奥秘

魔术师手拿积木走上舞台，观众感到非常好奇，只听魔术师说道："增加两块积木到一副积木中然后重新拼图，结果拼出来的图形面积与原来的图形面积竟然相等。明明增加了两块积木，面积应该会增大，怎么经过魔术师的手后，面积会不变呢，这到底是怎么回事呢?"

只见魔术师把 4 块拼成三角形的积木(如下图)。放在舞台上，然后从口袋中又掏出一小块正方形积木说："下面我用这 5 块重新拼成一个三角形，并且它'全等'于原来 4 块积木拼出的三角形。"

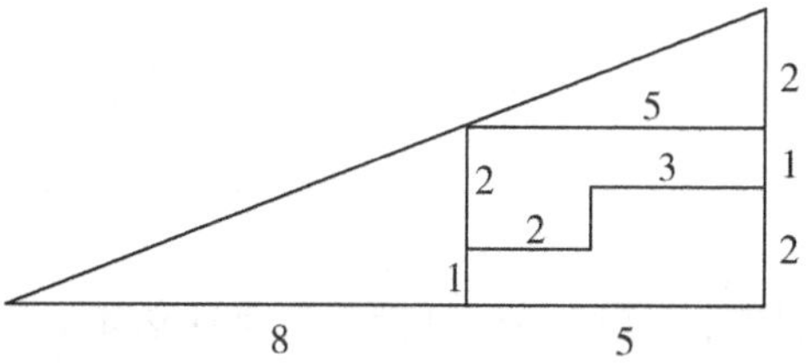


魔术师一边说着，一边迅速地拼出了一个与原三角形"全等"的新三角形(如下图)。

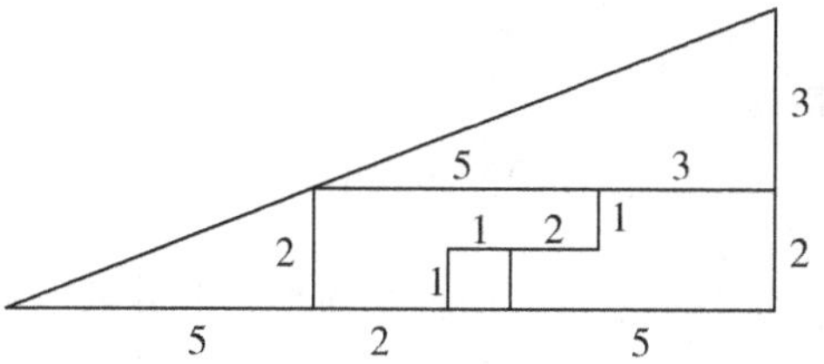


看到这里，观众惊呆了，这怎么可能呢？明明增加了一块，面积怎么会不变呢？

### 魔术揭秘

我们重新看图，

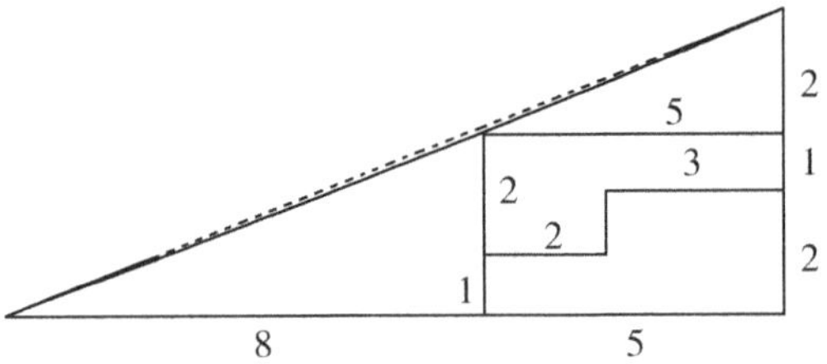


4块积木拼接起来的图并不是一个三角形，而是四边形，虚线与其余两个边构成三角形，四边形与想象中三角形的边差一个缝隙，所以可以加进一些面积。4块图形的面积和为：

$$\frac{2\times5}{2}+\frac{3\times8}{2}+3\times5=32$$

想象中的三角形面积为：

$$\frac{5\times13}{2}=32.5$$

所以4块图形的面积比想象中的三角形面积少0.5个平方单位。

我们看四边形加进一个平方单位后放图形：

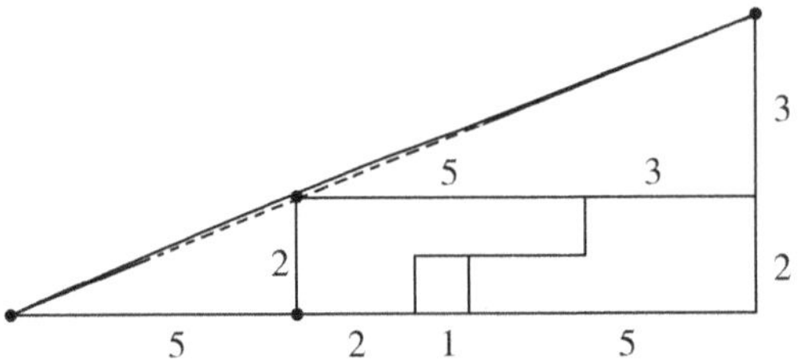


5块积木拼接起来的图并不是一个三角形，而是四边形，与想象中三角形差一个缝隙。5块图形的面积和为：

$$\frac{2\times5}{2}+\frac{3\times8}{2}+3\times5+1\times1=33$$

想象中的三角形面积为：

$$\frac{5\times13}{2}=32.5$$

所以5块图形的面积比想象中的三角形面积多0.5个平方单位。所以这一多一少正好是加进去的一个平方单位。前后两个图形的面积不是没有变，只是我们的眼睛被这奇妙的数学魔术欺骗了。

## 错在哪儿

如下图，本来是一个正方形。

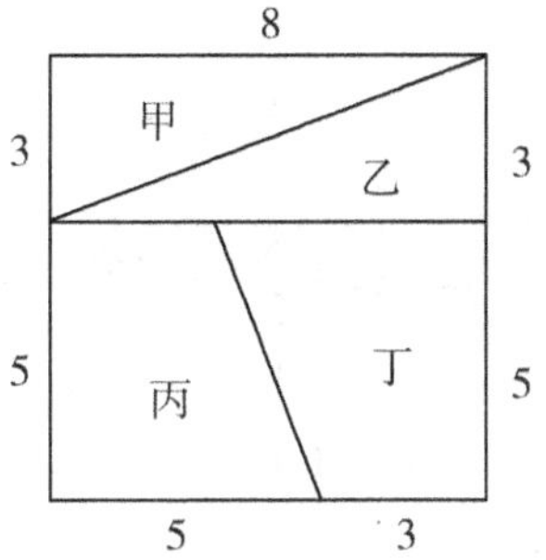


正方形的面积为：

$$8\times8=64$$

被分成四块，重新组合变成了一个长方形，

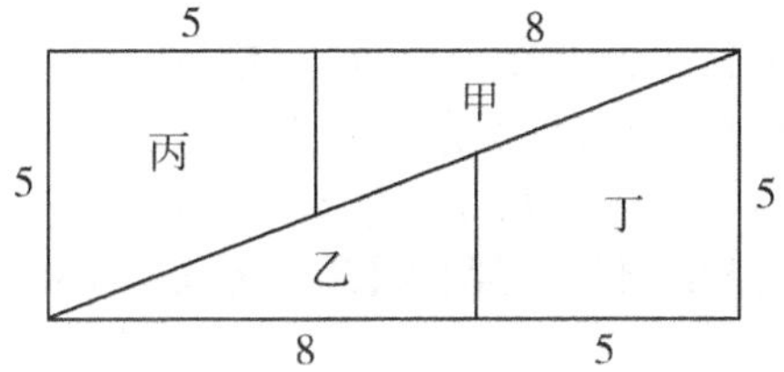


长方形的面积为：

$$5\times13=65$$

不仅形状变了，而且面积也增加了 1 个单位。

$$8\times8+1=5\times13$$

问题出在下图长方形的对角线上，其实那条对角线并非直线而是一条折线，与真正的对角线之间是有空隙的。空隙就是增加的面积 1，因为太小，当图形的线条画得比较粗时，几乎看不出来，甚至以假乱真。

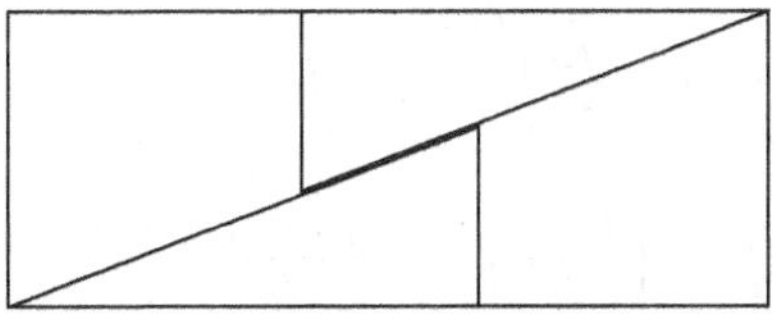

下面我们来证实一下。

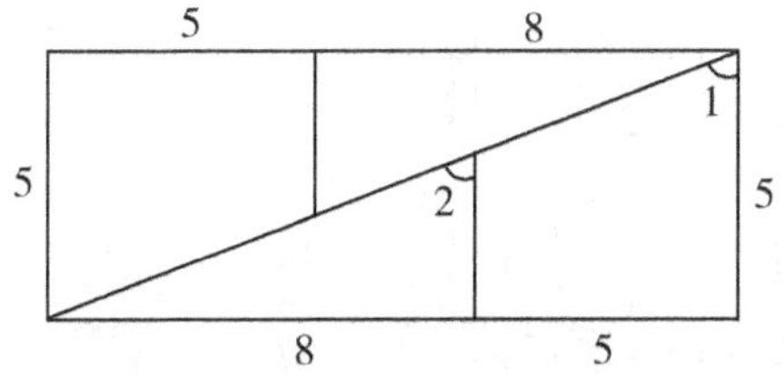


若中间不是折线，而是直线，则 $\angle1$ 与 $\angle2$ 是同位角，则

$$\tan\angle1=\tan\angle2$$

但

$$\tan\angle 1=\frac{8+5}{5}=2.6$$

$$\tan\angle 2=\frac{8}{3}=2.667$$

则

$$\tan\angle 1\neq\tan\angle 2$$

则

$$\angle 1\neq\angle 2$$

与同位角相等矛盾，故∠1 与∠2 不是同位角，说明中间是折线，而不是直线。

### 魔术揭秘

哪些正方形可以近似地化为长方形，且边长为整数？就是正方形的边长以及长方形的两个边长为三个相邻斐波那契数，且正方形的边长在中间。即

$$F_{n-2}<F_{n-1}<F_n$$

其中，$F_{n-1}$ 为正方形的边长，$F_n$ 为长方形的长，$F_{n-2}$ 为长方形的宽。斐波那契数的同项公式为：

$$F_n=\frac{1}{\sqrt{5}}\left[\left(\frac{1+\sqrt{5}}{2}\right)^n-\left(\frac{1-\sqrt{5}}{2}\right)^n\right]$$

则

$$F_{n-1}^2=\frac{1}{5}\left[\left(\frac{1+\sqrt{5}}{2}\right)^{2n-2}-2\left(\frac{1+\sqrt{5}}{2}\right)^{n-1}\left(\frac{1-\sqrt{5}}{2}\right)^{n-1}+\left(\frac{1-\sqrt{5}}{2}\right)^{2n-2}\right]$$

$$=\frac{1}{5}\left[\left(\frac{1+\sqrt{5}}{2}\right)^{2n-2}-2(-1)^{n-1}+\left(\frac{1-\sqrt{5}}{2}\right)^{2n-2}\right]$$

$F_n\times F_{n-2}$

$$=\frac{1}{\sqrt{5}}\left[\left(\frac{1+\sqrt{5}}{2}\right)^n-\left(\frac{1-\sqrt{5}}{2}\right)^n\right]\times\frac{1}{\sqrt{5}}\left[\left(\frac{1+\sqrt{5}}{2}\right)^{n-2}-\left(\frac{1-\sqrt{5}}{2}\right)^{n-2}\right]$$

$$=\frac{1}{5}\left[\left(\frac{1+\sqrt{5}}{2}\right)^n\left(\frac{1+\sqrt{5}}{2}\right)^{n-2}-\left(\frac{1+\sqrt{5}}{2}\right)^n\left(\frac{1-\sqrt{5}}{2}\right)^{n-2}-\left(\frac{1+\sqrt{5}}{2}\right)^{n-2}\left(\frac{1-\sqrt{5}}{2}\right)^n+\left(\frac{1-\sqrt{5}}{2}\right)^n\left(\frac{1-\sqrt{5}}{2}\right)^{n-2}\right]$$

$$=\frac{1}{5}\left[\left(\frac{1+\sqrt{5}}{2}\right)^{2n-2}-\left(\frac{1+\sqrt{5}}{2}\right)^2\times\left(\frac{1+\sqrt{5}}{2}\right)^{n-2}\left(\frac{1-\sqrt{5}}{2}\right)^{n-2}-\left(\frac{1-\sqrt{5}}{2}\right)^2\times\left(\frac{1+\sqrt{5}}{2}\right)^{n-2}\left(\frac{1-\sqrt{5}}{2}\right)^{n-2}+\left(\frac{1-\sqrt{5}}{2}\right)^{2n-2}\right]$$

$$=\frac{1}{5}\left\{\left(\frac{1+\sqrt{5}}{2}\right)^{2n-2}-\left[\left(\frac{1+\sqrt{5}}{2}\right)^2+\left(\frac{1-\sqrt{5}}{2}\right)^2\right]\left[\left(\frac{1+\sqrt{5}}{2}\right)^{n-2}\left(\frac{1-\sqrt{5}}{2}\right)^{n-2}\right]+\left(\frac{1-\sqrt{5}}{2}\right)^{2n-2}\right\}$$

$$=\frac{1}{5}\left\{\left(\frac{1+\sqrt{5}}{2}\right)^{2n-2}-\left[\left(\frac{1+\sqrt{5}}{2}\right)^2+\left(\frac{1-\sqrt{5}}{2}\right)^2\right]\left[\left(\frac{1+\sqrt{5}}{2}\right)\left(\frac{1-\sqrt{5}}{2}\right)\right]^{n-2}+\left(\frac{1-\sqrt{5}}{2}\right)^{2n-2}\right\}$$

$$=\frac{1}{5}\left\{\left(\frac{1+\sqrt{5}}{2}\right)^{2n-2}-\left[\left(\frac{1+\sqrt{5}}{2}\right)^2+\left(\frac{1-\sqrt{5}}{2}\right)^2\right][-1]^{n-2}+\left(\frac{1-\sqrt{5}}{2}\right)^{2n-2}\right\}$$

$$=\frac{1}{5}\left\{\left(\frac{1+\sqrt{5}}{2}\right)^{2n-2}-3[-1]^{n-2}+\left(\frac{1-\sqrt{5}}{2}\right)^{2n-2}\right\}$$

注意

$$\frac{1}{5}\times[-2(-1)^{n-1}]-\frac{1}{5}\times[-3(-1)^{n-2}]$$

$$=\frac{1}{5}\times[3(-1)^{n-2}]-\frac{1}{5}\times[2(-1)^{n-1}]$$

$$=\frac{1}{5}(-1)^{n-2}[3-2(-1)]$$

$$=(-1)^{n-2}$$

$$=\pm1$$

所以

$$F_{n-1}^2=F_n\times F_{n-2}\pm1$$

正方形的边长以及长方形的两个边长为三个相邻斐波那契数时,整数边长的正方形可以近似地化成长和宽都为整数的长方形,误差仅为 1。

魔术师拿来一块地毯,长和宽都是 1.2 米(以下为了方便计算,图中 1.2 米换算为 12 分米参与运算,下同),只是上面烧了一个烧饼大小(约 0.01 平方米)的窟窿,魔术师要求裁缝师傅将地毯剪剪拼拼把窟窿去掉,但长和宽仍旧是 1.2 米。裁缝师傅很为难,觉得这位魔术大师的要求不合理,根本无法做到,魔术师拿出了自己的设计图纸,要裁缝师傅依下图的尺寸将地毯剪开:

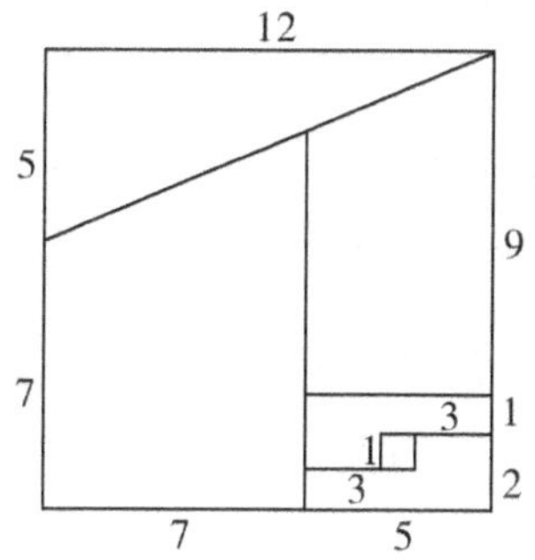


再依下图的样子拼在一起缝好。

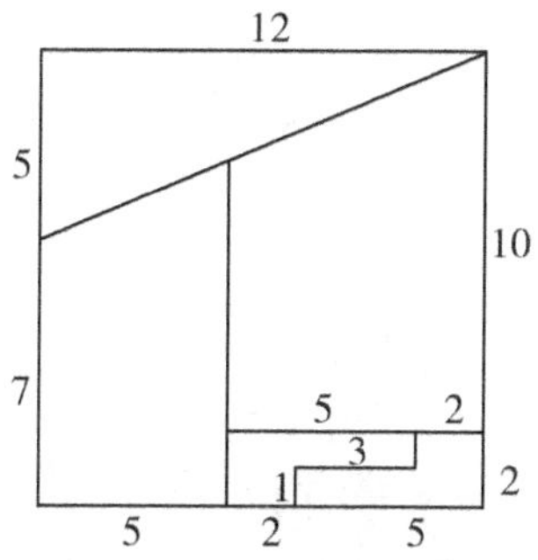


裁缝师傅照着做了,结果真的得到了一块长和宽仍是 1.2 米的地毯,而原来的窟窿却消失了,魔术师拿着补好的地毯得意扬扬地走了,而裁缝师傅还在想,补那窟窿的 0.01

平方米的地毯是哪里来的呢？你能帮裁缝师傅解开这个谜吗？

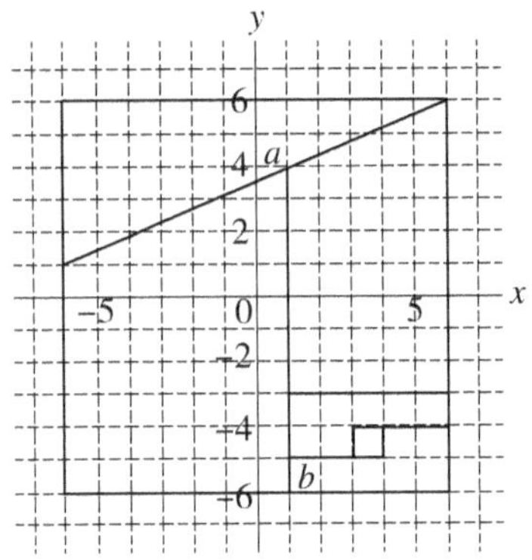


从图上看，$\overline{ab}$ 的长度不到10，但缝衣服时，把 $\overline{ab}$ 当10用了，导致了面积扩大。下面我们算一下 $\overline{ab}$ 的长度。

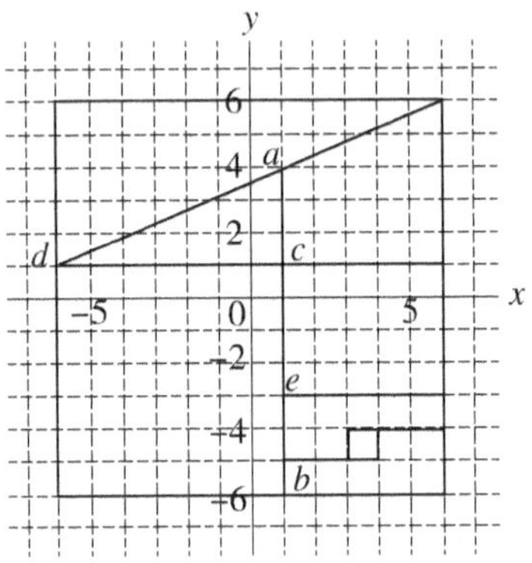


因

$$\tan\angle adc=\frac{5}{12}$$

$$\overline{dc}=7$$

则

$$\begin{aligned}\overline{ac}&=\overline{dc}\times\tan\angle adc\\&=7\times\frac{5}{12}\\&=2.917\\\overline{ab}&=\overline{ac}+\overline{cb}\\&=2.917+7\\&=9.917\\\overline{ae}&=\overline{ac}+\overline{ce}\\&=2.917+4\\&=6.917\end{aligned}$$

可见 $\overline{ab}$ 不到 10,却被当 10 用了,$\overline{ae}$ 不到 7,却被当 7 用了,这是面积扩大的原因。

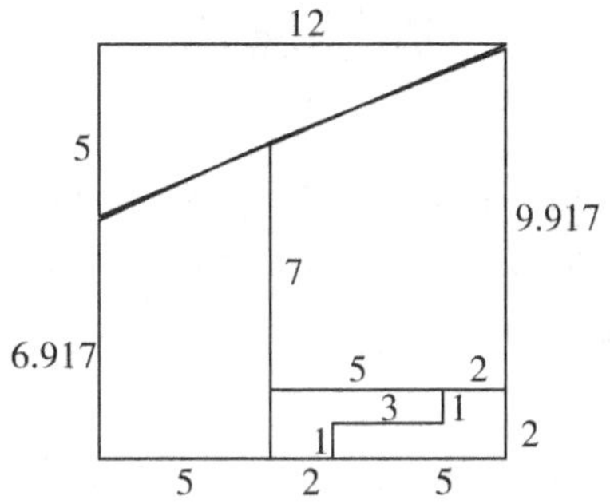


我们算一下面积:

$$s=\frac{5\times12}{2}+\frac{6.917+9}{2}\times5+\frac{9.917+7}{2}\times7+2\times7$$
$$=30+39.7925+59.2095+14$$
$$=143.002$$

由于小数保留位数有限,有一点小误差。

其实原图块对起来是折线,而不是直线,与直线之间有缝隙,但缝隙很小,看不出来。

## 旋转 180°

魔术师把 4 张扑克牌(如图 1)放在桌子上,然后蒙住眼睛,请一位观众上台,把某一张牌旋转 180°,魔术师解除蒙具后,看到 4 张扑克牌如图 2 所示,他很快确定了哪一张牌被旋转过。

图1

图2

### 魔术揭秘

除方块 4 外,其余三张牌中间的花都指向上边,若哪张牌中间的花指向发生了逆转,那么被旋转的牌就是这张,若指向都没变化,则被旋转的牌就是方块 4。

# 猜牌魔术

魔术师手拿一沓扑克牌，请一位观众背对着魔术师任意抽取一张牌，记住牌面的花色、点数之后，再由该观众将抽出的牌任意插到魔术师所拿的那沓牌中，然后魔术师或观众任意洗牌，直到观众满意为止，再由魔术师将牌正面向上摊开并从中准确无误地找出观众抽的那张牌。

整个过程中魔术师没有偷看抽牌，更不需要像通常的猜牌魔术那样要事先记住许多牌的顺序，但猜中率却高达100%。

## 魔术揭秘

依扑克牌牌面图案的对称性可将整副牌分为两类。

a类：牌面图案呈中心对称图形，比如方块4、红桃K、黑桃8等；

b类：牌面图案不具对称性（既不呈中心对称，又不呈轴对称），比如黑桃5、红桃3、红桃A等。

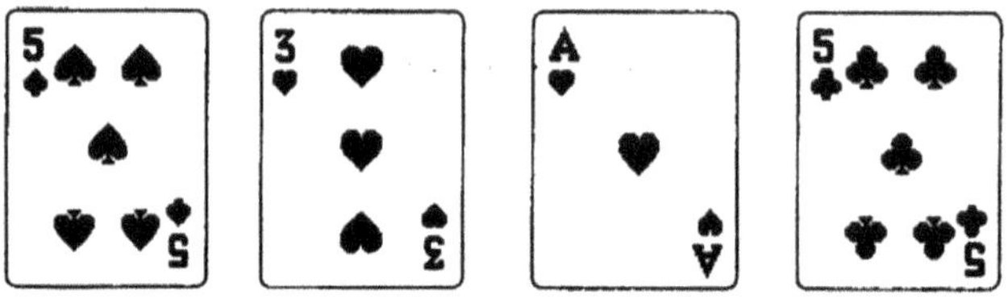

由于b类牌不具有对称性，从而可认为其带有方向性。以各牌正面中心的一粒花为准，比如红桃3，以牌面中心的花色指向为参照，可给该牌定出一个方向（如以尖所对的方向为上）。而a类牌都不具有方向性。

该魔术正是利用了b类牌的方向性来完成的：找一沓b类牌，将它们的方向调理整齐后再让观众抽牌，关键之处在于观众插牌时，魔术师要将手中那沓牌转换方向，使插进去的牌与其余的牌方向不一致（转换方向的动作要尽量隐蔽、自然，洗牌时不可再次打乱牌的方向）。然后，只要将那张方向“与众不同”的牌找出即可大功告成！

乍看千头万绪，实则井井有条，是对称性将花色和点数纷繁的扑克牌统一起来，所抽牌与其他牌本质上的差别就是由这种对称性所引起的方向上的差别。这就是数学的神奇之处！

1. 牌面图案是否具有对称性，要根据“中心对称和轴对称图形”的定义来判断。

2. 成功的关键是观众的“插”牌和魔术师的“转”牌。二者不论谁“转”牌，都只能是一次(或奇数次),因此若牌在观众手中,魔术师必须密切注意他是否“转”牌了。

## 稳操胜券

1. 魔术师将一副扑克牌交给一位观众,让他随意洗牌几次。

2. 魔术师让这位观众从整副牌中任选一张牌,并暗中记清该牌的花色和牌点,比如说是黑桃 A,将它称为牌 $x$。在牌面朝下的情况下,再暗中数清该牌从上往下数所位于的张数,比如说位于第 5 张。

3. 当这位观众暗中完成这些动作后,魔术师又让这位观众随便指定一个数,该数要大于牌 $x$ 所位于的张数 5,比如他说 16。魔术师对观众说:“一会儿若按照某种方法数牌,那么第 16 张牌就会出现奇迹。”

4. 魔术师从这位观众手中接过整副牌后,立即拿到自己的背后,过了一会儿,将整副牌拿到身前。

5. 魔术师问这位观众:“你刚才暗记的牌从上往下数位于多少张?”他说位于第 5 张,此时魔术师又问这位观众:“你刚才指定的数是 16 吧?”这位观众做了肯定的回答。接着,魔术师从牌面朝下的整副牌最上面拿一张,嘴里喊 5(即从牌 $x$ 自上而下所位于的张数 5 开始数起),牌面朝下将其放在桌子上,再从余下的牌的最上面拿一张,嘴里喊 6,将其牌面朝下放在第 1 张牌之上。依此下去,一直数到第 16 张,他一边大声喊 16,一边将牌翻转过来,大家一看,此牌就是那位观众暗记的黑桃 A,而且还落在事先指定的第 16 张上,大家感到很奇怪。

魔术师将牌拿到背后,将牌面朝下的整副牌自上而下的第 1 ~ 16 张牌进行了顺序颠倒,即把第 1 张变为第 16 张,第 2 张变为第 15 张……第 16 张变为第 1 张。然后,将顺序颠倒了的这 16 张牌整叠地放回剩下的牌之上。这样,若将牌面朝下的整副牌最上面那张牌作为第 5 张开始数起的话,一直数到第 16 张,即现在的第 12 张,该牌肯定为观众暗记的牌 $x$(黑桃 A)了。

### 魔术揭秘

1. 设观众暗记的牌为牌 $x$,它位于牌面朝下从上往下数第 $m$ 张,再设观众指定的数为 $n$,其中 $n>m$,我们用横线代表一张牌,牌如下图所示。

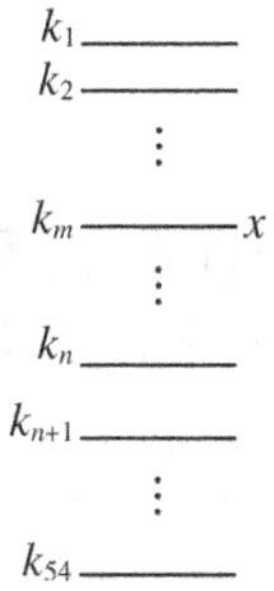

将上图中自上而下的第 1 ~ $n$ 张牌进行颠倒后，上图变成下图所示的形式。

$$
\begin{array}{rcl}
k_n & \text{———} & 1 \\
k_{n-1} & \text{———} & 2 \\
 & \vdots & \\
k_m & \text{———} & n+1-m(x) \\
 & \vdots & \\
k_2 & \text{———} & n-1 \\
k_1 & \text{———} & n \\
k_{n+1} & \text{———} & n+1 \\
 & \vdots & \\
k_{54} & \text{———} & 54
\end{array}
$$

我们把自上而下第一张作为第 $m$ 张，那么第二张就是 $m+1$，第三张就是 $m+2$，第四张就是 $m+3$……注意：

$$(m-1)+(n+1-m)=n$$

则现在的第 $n+1-m$ 张就是指定的第 $n$ 张。

## 经典 16 张牌的读心术

魔术师首先在一副牌里随便抽出 16 张牌，然后摆出一个四阶方阵，如

| | | | |
|---|---|---|---|
| 1 | 5 | 6 | 1 |
| 2 | 4 | 6 | 8 |
| 4 | 8 | 9 | 3 |
| 4 | 9 | 5 | 6 |

魔术师让观众随意想一张牌，告诉魔术师是第几行，之后魔术师就将牌收起。

注意：要横着收，比如先收 1，再收 5，再收 6，这样收下去，第一行收完后，从第二行第一张开始收……直到收完所有的 16 张牌。

最后再摆一次，第一次横着摆，第二次就要竖着摆，不然无效，先收的牌先摆，即变成：

| | | | |
|---|---|---|---|
| 1 | 2 | 4 | 4 |
| 5 | 4 | 8 | 9 |
| 6 | 6 | 9 | 5 |
| 1 | 8 | 3 | 6 |

### 魔术揭秘

实际上，这就是矩阵转置，原来的横行变成了竖列，这样再让观众说一次他的牌在哪行，结合上次的行数（现在的列数），行与列交叉处的牌就是观众随意想的那张牌了。

# 魔术师的数学魔术

魔术师把 16 张牌排列成 4 行 4 列的方阵，让观众心里默记一张牌，然后问他是哪一行，并注意该行最左端的一张牌。

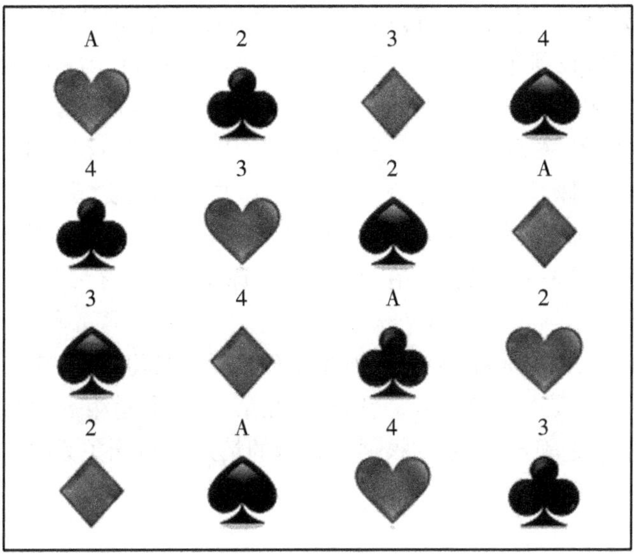


然后从左下角开始把最左列的牌从下往上一张一张正面向上摞起来，后拿的放在先拿的牌的下边，然后把第 2，3，4 列也照样摞起来。再从右到左把每一摞都摞起来，后拿的放在先拿的下边。

接着魔术师让观众上下任意洗牌几次，但不能从中间抽，也不能从中间插，再把牌一张一张从左上角开始向右摆成行，每行 4 张，从上到下 4 行。洗牌后摆牌的牌形如下：

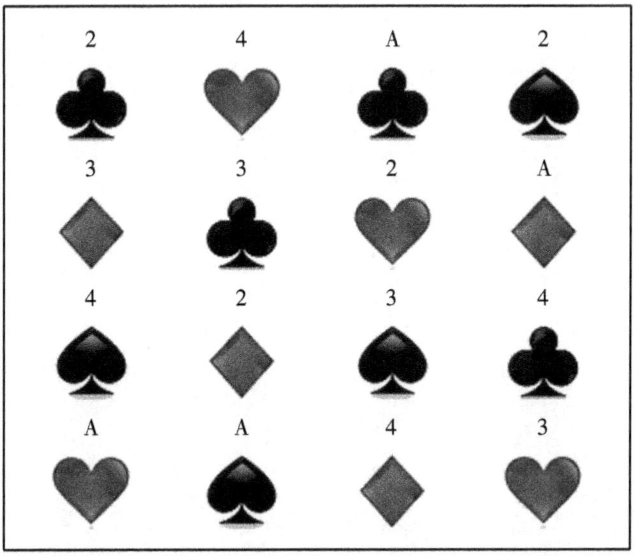

再问观众选定的牌在哪一行，之后，魔术师便能找出观众选定的牌。

### 魔术揭秘

摆牌的顺序相当于从下往上，从右往左，原来的每一行里相邻两张牌之间隔了三张牌（把整摞牌的头和尾视为相连，即一个环）。洗牌相当于环在转动，而不会改变环上牌的位置关系，原来每一行相邻两张牌之间的距离不变。

这样，第二次发牌之后，就会变成上下相邻。魔术师只需记住第一次观众所说行里的任意一张，然后第二次找到那一张牌所在的列，结合第二次的行，即可找出观众选的牌。

注意：洗牌后形状不唯一，所以必须找到原来的行与现在列的对应关系。如何找原来的行与现在列的对应关系？我们记住第四列的牌序，如本例：黑桃4、方块A、红桃2、梅花3，这四张牌在现在牌形的第几列，就可找到对应关系，如上边新的牌形中，黑桃4在第一列，方块A在第四列，红桃2在第三列，梅花3在第二列，所以立即得到：原来在第一行，现在在第一列；原来在第二行，现在在第四列；原来在第三行，现在在第三列；原来在第四行，现在在第二列。

例如：本例中一张牌原来在第一行，现在在第二行，问这张牌的花点是什么？

因原来在第一行，现在在第一列，又知现在在第二行，必是第一列第二张方块3。

注意对应关系不是固定的，必须根据洗牌后的情形找对应关系，但有一点是固定的，就是原来的行变成了现在的列。

# 第十四章　代数式的课堂魔术

## 诸葛布阵

观众把一盒火柴任意平均分成 $N$ 堆并把堆数告诉魔术师，魔术师指导观众重新摆放。把火柴重新分成 $N-1$ 堆，各堆火柴根数相等，并把剩下的火柴数目告诉魔术师，则魔术师可快速猜出总共有多少根火柴。

### 魔术揭秘

设火柴数被平均分成 $N$ 堆后，由于是平均分，当然没有余数，每堆有火柴数 $f$ 根，则火柴根数为 $fN$，把火柴重新分成 $N-1$ 堆后，商为 $g$，余数为 $l$（已知），则有

$$fN=g(N-1)+l$$

注意

$$\frac{N}{N-1}=1+\frac{1}{N-1}$$

根据余数关系

$$fN=Nl+mN(N-1)$$

$$m=\begin{cases}1,\\0,\\-1\end{cases}$$

一盒火柴里面大概有 50 根，当 $N$ 确定后，适当的 $m$ 代进去后，计算结果不超过 50 的 $fN$ 都是解。

$$0<Nl+mN(N-1)\leqslant 50$$

得到 $m$，由

$$fN=Nl+mN(N-1)$$

得到火柴根数。

例如：观众把一盒火柴任意平均分成 8 堆并把堆数告诉魔术师，魔术师指导观众重新摆放。把火柴重新分成 $8-1=7$ 堆，并把剩下的火柴数目告诉魔术师，说是 4 根，求火柴根数。

显然 $N=8$，$l=4$，由

$$0<Nl+mN(N-1)\leqslant 50$$

其中

$$m=\begin{cases}1,\\0,\\-1\end{cases}$$

得到

$$0<8\times4+8\times7m\leqslant50$$

即

$$m=0$$

则

$$\begin{aligned}fN&=Nl+mN(N-1)\\&=8\times4+0\times8\times7\\&=32\end{aligned}$$

例如:观众把一盒火柴任意平均分成4堆并把堆数告诉魔术师,魔术师指导观众重新摆放。把火柴重新分成3堆,并把剩下的火柴数目告诉魔术师,说是1根,求火柴根数。

显然 $N=4,l=1$,由

$$0<Nl+mN(N-1)\leqslant50$$

其中

$$m=\begin{cases}1,\\0,\\-1\end{cases}$$

得到

$$0<4\times1+4\times3m\leqslant50$$

即

$$m=0 \text{ 或 } m=1$$

两者都可以,则

$$\begin{aligned}fN&=Nl+mN(N-1)\\&=4\times1+0\times4\times3\\&=4\end{aligned}$$

$$\begin{aligned}fN&=Nl+mN(N-1)\\&=4\times1+1\times4\times3\\&=16\end{aligned}$$

都是解。

## 巧分连续数据

在 $1,2,3,4,\cdots,n$ 这个数列中,找一个数 $s$,使得在 $s$ 之前的数之和跟在 $s$ 之后的数之和相等。

例如 1,2,3,…,8 中,6 就是这样的一个数,

$$1+2+3+4+5=7+8$$

### 魔术揭秘

根据题意列方程,得到

$$1+2+3+\cdots+(s-2)+(s-1)$$
$$=(s+1)+(s+2)+(s+3)+\cdots+(n-1)+n$$

即

$$\frac{s(s-1)}{2}=\frac{(s+1+n)(n-s)}{2}$$

则

$$s(s-1)=(s+1+n)(n-s)$$
$$s^2-s=sn-s^2+n-s+n^2-ns$$
$$2s^2=n(n+1)$$

整理得:

$$s=\sqrt{\frac{n(n+1)}{2}}$$

回到前边的数据,

$$n=8$$
$$s=\sqrt{\frac{n(n+1)}{2}}=\sqrt{\frac{8(8+1)}{2}}=6$$

## 向心仪的女士巧要手机号码

遇到心仪的女士想要手机号码,对方答应配合变魔术后按如下步骤进行:

1. 让对方把手机号码分为前 3 位、中间 4 位和最后 4 位。

2. 用手机计算器计算。让对方将中间 4 位乘以 80 再加上 1,将所得到的结果乘以 250,再加上后 4 位的 2 倍,得到了一个最终结果。

3. 让对方把这个结果告诉你,用这个结果减去 250,再除以 2,就得到对方的后面 8 位手机号了。

4. 让对方告诉手机号码的前 3 位,将得到完整的手机号码。

### 魔术揭秘

设手机号码中间 4 位为 $abcd$,最后 4 位为 $efgh$。根据步骤有:

$$\frac{(80abcd+1)\times250+2efgh-250}{2}$$

$$=\frac{20\,000abcd+250+2efgh-250}{2}$$

$$=10\,000abcd+efgh$$

$$=abcd0000+efgh$$

$$=abcdefgh$$

注意:手机号码第四位是0的不适用。

# 第十五章　查表的课堂魔术

## 巧查星期几

推算某个日子是星期几是件麻烦事。如果是今年的某一天,可以查看一下日历。但若想知道多年以前或以后的日子,就没有那么方便了。例如,天文学家预报说,上一次金星凌日发生在2012 年6 月6 日,那这一天是星期几呢?

### 魔术揭秘

下面将设计一张查星期的表格,它的用法非常简单,先举几个例子。

| | | | | | | | | | | | | | |
|---|---|---|---|---|---|---|---|---|---|---|---|---|---|
| | 日期 | 1 | 2 | 3 | 4 | 5 | 6 | 7 | | | | | |
| | | 8 | 9 | 10 | 11 | 12 | 13 | 14 | | | | | |
| | | 15 | 16 | 17 | 18 | 19 | 20 | 21 | | | | | |
| | | 22 | 23 | 24 | 25 | 26 | 27 | 28 | | | | | |
| | | 29 | 30 | 31 | | | | | 年份 | | | | |
| 月份 | 1 月、10 月 | 聪 | 做 | 手 | 动 | 此 | 来 | 明 | | 2001 | 2007 | 2012 | 2018 |
| | 4 月、7 月、闰年 1 月 | 明 | 聪 | 做 | 手 | 动 | 此 | 来 | 1996 | 2002 | | 2013 | 2019 |
| | 9 月、12 月 | 来 | 明 | 聪 | 做 | 手 | 动 | 此 | 1997 | 2003 | 2008 | 2014 | |
| | 6 月 | 此 | 来 | 明 | 聪 | 做 | 手 | 动 | 1998 | | 2009 | 2015 | 2020 |
| | 2 月、3 月、11 月 | 动 | 此 | 来 | 明 | 聪 | 做 | 手 | 1999 | 2004 | 2010 | | 2021 |
| | 8 月、闰年 2 月 | 手 | 动 | 此 | 来 | 明 | 聪 | 做 | | 2005 | 2011 | 2016 | 2022 |
| | 5 月 | 做 | 手 | 动 | 此 | 来 | 明 | 聪 | 2000 | 2006 | | 2017 | 2023 |
| 星期 | | 一 | 二 | 三 | 四 | 五 | 六 | 日 | | | | | |

例如:2004 年国庆节是星期几?

先在月份栏找到 10 月,再从日期栏找到 1 日,在它们的横行与纵列相交处是“聪”字,从右边的年份栏里找到“2004”,再顺着这一行向左,找出“聪”字,然后从这个“聪”字向下移,可以看到这一列对应星期栏的“五”,这就表明,2004 年国庆节是星期五。

例如:2008 年 2 月 29 日是星期几?

2008 年是闰年,我们应该使用月份栏里"闰年 2 月"这个横行,其余做法与上相仿,结果查出那天是星期五。

这张表的使用范围是 1996 ~ 2023 年,跨度为 28 年。它还隐藏着一个奥妙:那就是表中的规律每 28 年重复一次,所以你只要根据这一规律相应地变动表中年份栏的数字,就可以去查没有列入年份的日期。

## 慧眼识"珠"

红、黄、绿三个玻璃珠,三个观众每人选一个,并从一副扑克牌中分发给 A 观众 1 张牌、B 观众 2 张牌、C 观众 3 张牌。拿红玻璃珠的观众从剩下的牌中取其手中牌张数的 2 倍,拿黄玻璃珠的观众取其手中牌张数的 3 倍,拿绿玻璃珠的观众取其手中牌张数的 5 倍。魔术师只要知道剩下的牌的张数,就能猜出哪个观众拿了哪种颜色的玻璃珠。

### 魔术揭秘

一副扑克牌共 54 张扑克,观众 A,B,C 都有拿到红、黄、绿的玻璃珠的可能,我们用 1 表示红、2 表示黄、3 表示绿,共有六种情形:

| A | B | C |
|---|---|---|
| 1 | 2 | 3 |
| 2 | 1 | 3 |
| 1 | 3 | 2 |
| 3 | 1 | 2 |
| 2 | 3 | 1 |
| 3 | 2 | 1 |

设观众 A 拿的牌张数为 $x$,观众 B 拿的牌张数为 $y$,观众 C 拿的牌张数为 $z$,所剩牌的张数为 $s$。

当 A 拿红玻璃珠,B 拿黄玻璃珠,C 拿绿玻璃珠时,依题意,A 原有 1 张,拿红珠的观众取手中牌张数的 2 倍,即再拿 2 张,共拿 3 张;B 原有 2 张,拿黄珠的取手中牌张数的 3 倍,即再拿 6 张,共拿 8 张;C 原有 3 张,拿绿珠的取手中牌张数的 5 倍,即再拿 15 张,共拿 18 张,则最后剩余张数:

$$s=54-3-8-18=25$$

当 A 拿黄玻璃珠,B 拿红玻璃珠,C 拿绿玻璃珠时,依题意,A 原有 1 张,拿黄珠的观众取手中牌张数的 3 倍,即再拿 3 张,共拿 4 张;B 原有 2 张,拿红珠的取手中牌张数的 2 倍,即再拿 4 张,共拿 6 张;C 原有 3 张,拿绿珠的取手中牌张数的 5 倍,即再拿 15 张,共

拿 18 张,则最后剩余张数:

$$s=54-4-6-18=26$$

当 A 拿红玻璃珠,B 拿绿玻璃珠,C 拿黄玻璃珠时,依题意,A 原有 1 张,拿红珠的观众取手中牌张数的 2 倍,即再拿 2 张,共拿 3 张;B 原有 2 张,拿绿珠的取手中牌张数的 5 倍,即再拿 10 张,共拿 12 张;C 原有 3 张,拿黄珠的取手中牌张数的 3 倍,即再拿 9 张,共拿 12 张,则最后剩余张数:

$$s=54-3-12-12=27$$

当 A 拿绿玻璃珠,B 拿红玻璃珠,C 拿黄玻璃珠时,依题意,A 原有 1 张,拿绿珠的观众取手中牌张数的 5 倍,即再拿 5 张,共拿 6 张;B 原有 2 张,拿红珠的观众取手中牌张数的 2 倍,即再拿 4 张,共拿 6 张;C 原有 3 张,拿黄珠的取手中牌张数的 3 倍,即再拿 9 张,共拿 12 张,则最后剩余张数:

$$s=54-6-6-12=30$$

当 A 拿黄玻璃珠,B 拿绿玻璃珠,C 拿红玻璃珠时,依题意,A 原有 1 张,拿黄珠的观众取手中牌张数的 3 倍,即再拿 3 张,共拿 4 张;B 原有 2 张,拿绿珠的取手中牌张数的 5 倍,即再拿 10 张,共拿 12 张;C 原有 3 张,拿红珠的取手中牌张数的 2 倍,即再拿 6 张,共拿 9 张,则最后剩余张数:

$$s=54-4-12-9=29$$

当 A 拿绿玻璃珠,B 拿黄玻璃珠,C 拿红玻璃珠时,依题意,A 原有 1 张,拿绿珠的观众取手中牌张数的 5 倍,即再拿 5 张,共拿 6 张;B 原有 2 张,拿黄珠的取手中牌张数的 3 倍,即再拿 6 张,共拿 8 张;C 原有 3 张,拿红珠的取手中牌张数的 2 倍,即再拿 6 张,共拿 9 张,则最后剩余张数:

$$s=54-6-8-9=31$$

剩余张数与玻璃珠颜色对应表:

| 剩余张数 | 每人所拿玻璃珠的颜色 |
|---|---|
| 25 | A 拿红玻璃珠,B 拿黄玻璃珠,C 拿绿玻璃珠 |
| 26 | A 拿黄玻璃珠,B 拿红玻璃珠,C 拿绿玻璃珠 |
| 27 | A 拿红玻璃珠,B 拿绿玻璃珠,C 拿黄玻璃珠 |
| 29 | A 拿黄玻璃珠,B 拿绿玻璃珠,C 拿红玻璃珠 |
| 30 | A 拿绿玻璃珠,B 拿红玻璃珠,C 拿黄玻璃珠 |
| 31 | A 拿绿玻璃珠,B 拿黄玻璃珠,C 拿红玻璃珠 |

我们根据这六个数,就知道三个人各拿了什么颜色的玻璃珠。

# 一个有趣的小魔术

这个有趣的小魔术,每次可以同时跟三个人玩。准备24枚棋子和K,Q,J扑克牌各一张。

1. 魔术师分别给三个人1枚、2枚、3枚棋子。记住拿到1枚棋子的人为A,拿到2枚棋子的人为B,拿到3枚棋子的人为C。

2. 魔术师告诉他们:

等魔术师转过身去以后,三个观众从这3张扑克牌K,Q,J中各取一张,再按照各自手中的扑克牌,从剩下的棋子堆里取棋子。

拿K的,取的数量等于自己手中棋子数的4倍;

拿Q的,取的数量等于自己手中棋子数的2倍;

拿J的,取的数量跟自己手中的棋子数同样多。

3. 等对方告诉魔术师"取好了"以后,魔术师转过身,只要看一下还剩几枚棋子,就知道谁拿的是什么牌。

如果还剩1枚,A,B,C拿的牌,分别是J,Q,K;

如果还剩2枚,A,B,C拿的牌,分别是Q,J,K;

如果还剩3枚,A,B,C拿的牌,分别是J,K,Q;

如果还剩5枚,A,B,C拿的牌,分别是Q,K,J;

如果还剩6枚,A,B,C拿的牌,分别是K,J,Q;

如果还剩7枚,A,B,C拿的牌,分别是K,Q,J。

为什么会是这样呢?

## 魔术揭秘

原来有24枚棋子,给了他们1+2+3=6枚,还剩余24-6=18枚。之后,每人所取的枚数不同,剩余的枚数也就不同。这样,就能从不同的取棋子情况和剩余棋子的数量之间的对应关系中,判断谁拿的是什么牌了。

请看下面这张对应关系表:

| | A(1枚) | B(2枚) | C(3枚) | 一共取 | 还剩 |
|---|---|---|---|---|---|
| 如果ABC对应KQJ | 取4枚 | 取4枚 | 取3枚 | 11枚 | 7枚 |
| 如果ABC对应KJQ | 取4枚 | 取2枚 | 取6枚 | 12枚 | 6枚 |
| 如果ABC对应QKJ | 取2枚 | 取8枚 | 取3枚 | 13枚 | 5枚 |
| 如果ABC对应QJK | 取2枚 | 取2枚 | 取12枚 | 16枚 | 2枚 |
| 如果ABC对应JKQ | 取1枚 | 取8枚 | 取6枚 | 15枚 | 3枚 |
| 如果ABC对应JQK | 取1枚 | 取4枚 | 取12枚 | 17枚 | 1枚 |

# 非二进制猜姓魔术

街头路边经常有猜姓氏的地摊把式，首先他会让你看摆在地上的一张大表格，并让你指出你的姓氏在哪个格子里，接着他就会拿出另外十几张小卡片，每张卡片上印有二十多个姓氏，还是叫你从中选出有你姓氏的那一张，然后他便可以说出你的姓氏来。

在《数学游戏》一书中给出了另一种方法。

地上的那张大表格共有 4×6 个格子，每个格子里写有 5×3 共 15 个姓氏，总共是 360 个常见姓氏，见图一：

| | | | | | | | | | | | | | | | | | |
|---|---|---|---|---|---|---|---|---|---|---|---|---|---|---|---|---|---|
| 王 | 李 | 张 | 廖 | 苏 | 石 | 安 | 管 | 殷 | 裴 | 商 | 初 | 井 | 冀 | 邬 | 鞠 | 罡 | 未 |
| 刘 | 陈 | 杨 | 江 | 范 | 今 | 霍 | 翟 | 佘 | 屈 | 成 | 包 | 吉 | 敖 | 桑 | 来 | 劳 | 诸 |
| 周 | 黄 | 孙 | 谭 | 邹 | 崔 | 葛 | 庄 | 伍 | 游 | 司 | 祁 | 池 | 简 | 蔺 | 计 | 乐 | 滑 |
| 吴 | 徐 | 赵 | 薛 | 邱 | 康 | 辛 | 练 | 申 | 强 | 靳 | 甘 | 连 | 艾 | 蓝 | 双 | 花 | 冼 |
| 林 | 胡 | 朱 | 史 | 候 | 邵 | 付 | 曲 | 焦 | 席 | 翟 | 卜 | 窦 | 刚 | 封 | 木 | 丰 | |

| | | | | | | | | | | | | | | | | | |
|---|---|---|---|---|---|---|---|---|---|---|---|---|---|---|---|---|---|
| 梁 | 郭 | 高 | 熊 | 秦 | 雷 | 项 | 代 | 鲁 | 褚 | 解 | 臧 | 占 | 迟 | 姬 | 寇 | 粟 | 况 |
| 何 | 马 | 郑 | 孟 | 庞 | 白 | 季 | 覃 | 金 | 时 | 费 | 班 | 刁 | 栾 | 冷 | 干 | 楼 | 满 |
| 罗 | 宋 | 唐 | 毛 | 郝 | 钱 | 毕 | 麦 | 阳 | 华 | 全 | 涂 | 杭 | 植 | 郁 | 麴 | 湛 | 谌 |
| 谢 | 叶 | 韩 | 段 | 俞 | 洪 | 耿 | 舒 | 聂 | 卓 | 党 | 饶 | 晋 | 虞 | 佟 | 储 | 邦 | 皮 |
| 任 | 潘 | 于 | 汤 | 顾 | 贺 | 盛 | 童 | 祝 | 应 | 卫 | 丘 | 苑 | 屠 | 藏 | 楚 | 胥 | 明 |

| | | | | | | | | | | | | | | | | | |
|---|---|---|---|---|---|---|---|---|---|---|---|---|---|---|---|---|---|
| 冯 | 蒋 | 董 | 龚 | 尹 | 万 | 柳 | 单 | 水 | 隋 | 米 | 闽 | 蒙 | 经 | 辜 | 平 | 腾 | 厉 |
| 吕 | 邓 | 许 | 龙 | 赖 | 章 | 岳 | 骆 | 纪 | 畅 | 喻 | 冉 | 廉 | 恭 | 麻 | 仉 | 励 | 竺 |
| 曹 | 曾 | 袁 | 孔 | 武 | 邢 | 殴 | 房 | 左 | 宫 | 甄 | 宣 | 晏 | 相 | 师 | 闻 | 宇 | 支 |
| 汪 | 程 | 田 | 颜 | 梅 | 阮 | 尤 | 凌 | 伟 | 穆 | 谈 | 匡 | 鄢 | 泮 | 燕 | 都 | 折 | 旷 |
| 彭 | 钟 | 蔡 | 黎 | 常 | 倪 | 景 | 詹 | 莫 | 帅 | 车 | 母 | 芩 | 官 | 仲 | 南 | 战 | 嵇 |

| | | | | | | | | | | | | | | | | | |
|---|---|---|---|---|---|---|---|---|---|---|---|---|---|---|---|---|---|
| 魏 | 沈 | 方 | 施 | 乔 | 樊 | 郎 | 路 | 宁 | 查 | 戚 | 符 | 羊 | 揭 | 仇 | 化 | 糜 | 衣 |
| 卢 | 余 | 杜 | 严 | 齐 | 陶 | 凤 | 关 | 丛 | 缪 | 昌 | 娄 | 邸 | 宗 | 荆 | 国 | 逄 | 门 |
| 丁 | 苏 | 贾 | 向 | 温 | 文 | 翁 | 容 | 亢 | 滕 | 位 | 奚 | 盖 | 贲 | 梁 | 崇 | 裘 | 薄 |
| 姚 | 姜 | 陆 | 易 | 兰 | 闫 | 柯 | 鲍 | 浦 | 边 | 卞 | 桂 | 原 | 茅 | 荣 | 束 | 宿 | 东 |
| 戴 | 傅 | 夏 | 芦 | 牛 | 尚 | 苗 | 牟 | 谷 | 邝 | 荀 | 柏 | 沙 | 郜 | 巫 | 降 | 逯 | 伊 |

图一

他手中共有15张卡片，每张卡片上写有6×4共24个姓氏，也是360个姓氏，见图二。

| | | | |
|---|---|---|---|
| 王 | 梁 | 冯 | 魏 |
| 廖 | 熊 | 龚 | 施 |
| 安 | 项 | 柳 | 郎 |
| 裴 | 褚 | 隋 | 查 |
| 井 | 占 | 蒙 | 羊 |
| 鞠 | 寇 | 平 | 化 |

1

| | | | |
|---|---|---|---|
| 刘 | 何 | 吕 | 卢 |
| 江 | 孟 | 龙 | 严 |
| 霍 | 季 | 岳 | 凤 |
| 屈 | 时 | 畅 | 缪 |
| 吉 | 刁 | 廉 | 邸 |
| 来 | 干 | 仉 | 国 |

4

| | | | |
|---|---|---|---|
| 周 | 罗 | 曹 | 丁 |
| 谭 | 毛 | 孔 | 向 |
| 葛 | 毕 | 殴 | 翁 |
| 游 | 华 | 宫 | 滕 |
| 池 | 杭 | 晏 | 盖 |
| 计 | 鞠 | 闻 | 崇 |

7

| | | | |
|---|---|---|---|
| 吴 | 谢 | 汪 | 姚 |
| 薛 | 段 | 颜 | 易 |
| 辛 | 耿 | 尤 | 柯 |
| 强 | 卓 | 穆 | 边 |
| 连 | 晋 | 鄢 | 原 |
| 双 | 储 | 都 | 柬 |

10

| | | | |
|---|---|---|---|
| 林 | 任 | 彭 | 戴 |
| 史 | 汤 | 黎 | 芦 |
| 付 | 盛 | 景 | 苗 |
| 席 | 应 | 帅 | 邝 |
| 窦 | 苑 | 岑 | 沙 |
| 尉 | 楚 | 南 | 降 |

13

| | | | |
|---|---|---|---|
| 李 | 郭 | 蒋 | 沈 |
| 肃 | 秦 | 尹 | 乔 |
| 管 | 代 | 单 | 路 |
| 商 | 解 | 米 | 戚 |
| 冀 | 迟 | 经 | 揭 |
| 罡 | 栗 | 滕 | 糜 |

2

| | | | |
|---|---|---|---|
| 陈 | 马 | 邓 | 余 |
| 范 | 庞 | 赖 | 齐 |
| 翟 | 覃 | 骆 | 关 |
| 成 | 费 | 喻 | 昌 |
| 敖 | 栾 | 巩 | 佘 |
| 劳 | 楼 | 励 | 逢 |

5

| | | | |
|---|---|---|---|
| 黄 | 宋 | 曾 | 苏 |
| 邹 | 郝 | 武 | 温 |
| 庄 | 麦 | 房 | 容 |
| 司 | 全 | 甄 | 位 |
| 简 | 植 | 相 | 贲 |
| 乐 | 湛 | 宇 | 裘 |

8

| | | | |
|---|---|---|---|
| 徐 | 叶 | 程 | 姜 |
| 邱 | 俞 | 梅 | 兰 |
| 练 | 舒 | 凌 | 鲍 |
| 靳 | 党 | 谈 | 卞 |
| 艾 | 虞 | 泮 | 茅 |
| 花 | 邦 | 折 | 宿 |

11

| | | | |
|---|---|---|---|
| 胡 | 潘 | 钟 | 傅 |
| 候 | 顾 | 常 | 牛 |
| 曲 | 童 | 詹 | 牟 |
| 翟 | 卫 | 车 | 苟 |
| 刚 | 屠 | 官 | 部 |
| 木 | 胥 | 战 | 逮 |

14

| | | | |
|---|---|---|---|
| 张 | 高 | 董 | 方 |
| 石 | 雷 | 万 | 樊 |
| 殷 | 鲁 | 水 | 宁 |
| 初 | 臧 | 闵 | 符 |
| 邬 | 姬 | 辜 | 仇 |
| 未 | 况 | 厉 | 衣 |

3

| | | | |
|---|---|---|---|
| 杨 | 郑 | 许 | 杜 |
| 今 | 白 | 章 | 陶 |
| 佘 | 金 | 纪 | 丛 |
| 包 | 班 | 冉 | 娄 |
| 劳 | 冷 | 麻 | 荆 |
| 诸 | 满 | 竺 | 门 |

6

| | | | |
|---|---|---|---|
| 孙 | 唐 | 袁 | 贾 |
| 崔 | 钱 | 邢 | 文 |
| 伍 | 阳 | 左 | 亢 |
| 祁 | 涂 | 宣 | 奚 |
| 蔺 | 郁 | 师 | 梁 |
| 滑 | 湛 | 支 | 薄 |

9

| | | | |
|---|---|---|---|
| 赵 | 韩 | 田 | 陆 |
| 康 | 洪 | 阮 | 闫 |
| 申 | 聂 | 韦 | 潇 |
| 甘 | 饶 | 匡 | 桂 |
| 蓝 | 佟 | 燕 | 荣 |
| 冼 | 皮 | 旷 | 东 |

12

| | | | |
|---|---|---|---|
| 朱 | 于 | 蔡 | 夏 |
| 邵 | 贺 | 倪 | 尚 |
| 焦 | 祝 | 莫 | 谷 |
| 卜 | 丘 | 母 | 柏 |
| 封 | 藏 | 仲 | 巫 |
| 丰 | 明 | 嵇 | 伊 |

15

图二

## 魔术揭秘

360个姓氏恰好是图一每个卡片中对应的姓氏。举例来说，图二第一个格子中的15个姓氏分别是15张卡片的第一个姓氏，图二第二个格子中的15个姓氏分别是图一中15张卡片中的第二个姓氏……图二第$M$个格子中的15个姓氏分别是图一中15张卡片中的第$M$个姓氏。所以当你告诉摊主你的姓氏在图二中的第$M$格和图一中的第$N$张卡片上时，他很快就会在图一的第$N$张卡片上找到第$M$个字就是你的姓氏。

注意：这个魔术看起来是二进制魔术，其实不是。两张图一对应，就得到你的姓氏。

# 第十六章　居中收敛的课堂魔术

## 21 张扑克牌

1. 魔术师随便找出 21 张扑克牌。

2. 让观众随便记住其中一张，并让其他观众看到（魔术师自己不看，经过下面的过程我们就会知道那是张什么牌了）。

3. 魔术师把 21 张扑克牌分成 3 堆，每堆 7 张。让牌背对自己，从左到右、从上到下依次按顺序排成三列。

4. 魔术师询问观众他所选的牌在哪一列。

观众说："在中间。"

5. 收牌时按列从下向上心，将所选的牌在的那一列放在没有的两列中间，然后又开始分三列：

魔术师询问观众他所选的牌在哪一列。

观众说："在中间。"

6. 收牌时按列从下向上收，将所选的牌在那一列放在没有的两列中间，然后又开始分三列：

此时，无论牌在哪一列，观众记住的牌一定在这列的最中间。

魔术师询问观众他所选的牌在哪一列。

观众说："在第三列。"

我们知道观众记住的牌一定是第三列的最中间的那张，即红桃J。

# 参考文献

1. 刘国光. 趣味数学:扑克游戏全攻略. 北京:航空工业出版社,2004.

2. 谈祥柏. 数学百草园. 武汉:湖北科学技术出版社,2013.

3.〔法〕多米尼克·苏戴. 应远马,译. 数学魔术:84 个神奇的数学小魔术. 上海:上海科学技术文献出版社,2010.